Peter Waltner

Beratung im Rahmen des
Betrieblichen Eingliederungsmanagements

Menschen mit gesundheitlichen Belastungen
durch das BEM führen und begleiten

Peter Waltner

Beratung im Rahmen des Betrieblichen Eingliederungsmanagements

Menschen mit gesundheitlichen Belastungen
durch das BEM führen und begleiten

1. Auflage 2016

© 2016 Rieder GmbH & Co.
Verlag für Recht und Kommunikation KG
Erphostr. 40, 48145 Münster
Tel.: 0251/30133 • Fax 0251/30135 • Mail: info@riederverlag.de
Geschäftsführer:
Dipl. Psych. Hans Dieter Rieder
Dipl. Psych. Heidrun Rieder

Druck: Books on Demand
Umschlag: kommpliment Münster
Satz / Layout: Ingegerd Giese

ISBN 978-3-945260-32-6 [1]

Inhalt

Worauf es mir ankommt

Wer die einschlägige Literatur zur Umsetzung des Betrieblichen Eingliederungsmanagement in die Praxis Revue passieren lässt, könnte den Eindruck gewinnen, es handele sich beim BEM um einen veritablen betrieblichen Treffpunkt. Schon in den Teppich, auf dem die Treffen stattfinden, sieht man eindruckvolle Muster hineingewebt: die des Sozialrechts, dazu die des Betriebsverfassungs-, des Arbeits- und des Datenschutzrechts. Wer sich da trifft? Natürlich der Arbeitgeber, meist vertreten durch Personalreferentinnen und -referenten, mit, so vorhanden, seinem Betriebsrat und der Schwerbehindertenvertretung, außerdem mit einschlägigen Expertinnen und Experten aus dem eigenen Hause, von denen in den meisten Betrieben wenigstens die Arbeitssicherheitsfachkraft zur Verfügung steht, und, nicht zu vergessen, der vom BEM-„Fall" betroffenen Führungskraft. Gerne gesellen sich auch noch einige Externe dazu, üblicherweise die Betriebsärztin, der Betriebsarzt, bei Bedarf können Rehaträger, die Arbeitsagentur, das Integrationsamt, der Integrationsfachdienst hinzugeladen werden. Fehlt noch wer? Ach ja, fast hätte ich sie vergessen: die Hauptperson, für die das Ganze veranstaltet wird, die einzelne Mitarbeiterin und der einzelne Mitarbeiter, die ihre ganz individuelle Krankheitsgeschichte mitbringen, wodurch ihre Arbeitsfähigkeit auffällig in Gefahr geriet. Ihr bzw. ihm hat der Arbeitgeber das BEM angeboten und sie bzw. er hat das Angebot angenommen. Das BEM – ein Round-Table-Treff von diversen Experten und Entscheidern mit der/dem BEM-Beschenkten? Dieses Szenario muss ich hier nicht weiter ausmalen, denn in der beschriebenen Maximalbesetzung wird es wahrscheinlich nie oder äußerst selten zur Aufführung kommen. Sitzungen in kleineren Runden sind dagegen in den meisten BEM-Verfahren die Regel.

Halten wir fest: Immer geht es erstens um Beratung, um die gemeinsame Suche nach der optimalen Unterstützung der Gesundheit der betroffenen Person durch eine Anpassung ihres Arbeitsplatzes und ihrer Arbeitsbedingungen. Zweitens muss die gefundene Lösung beschlossen und auf der Grundlage eines Maßnahmenplans umgesetzt werden. Und schließlich braucht es, drittens, ein Monitoring, das die Ein- und Durchführung der Maßnahme begleitet und ihre Effekte auf die gesundheitliche Situation und die Arbeitsfähigkeit der betroffenen Person beobachtet, um bei Bedarf die Maßnahme frühzeitig (echt präventiv) nachjustieren zu können.

Die *mögliche* Breite der obligatorischen und bedarfsweise dazugeladenen Teilnehmerschaft lässt erahnen, dass man sich auf sehr verschiedene Weise mit dem BEM fachlich beschäftigen kann. Die juristische Seite ist bereits bis in ihre Winkel und Verzweigungen hinein ausgeleuchtet worden. Aus der betriebswirtschaftlichen und personalplanerischen Perspektive (Stichwort: demografiebedingte Alterung der Belegschaften) wurde schon vor Jahren in Modellrechnungen ein deutlicher Nutzen des BEM belegt. Aus arbeitsmedizinischer Sicht wird auf die verbesserte Möglichkeit der Gesundheitsprävention in den Betrieben und die Vertiefung des Gesundheitsmanagements hingewiesen.

Mir kommt es hier vor allem darauf an, das BEM aus der *Sicht der Beratung* in den Blick zu nehmen. Der Gedanke der Beratung ist zwar im BEM allgegenwärtig. Er zieht sich wie ein roter Faden durch das Verfahren und keiner der zahlreichen Leitfäden versäumt es, ein paar allgemeine praktische Empfehlungen für BEM-Beraterinnen und -Berater fallen zu lassen. Doch reicht das? Die Beratung von gesundheitlich ernsthaft beeinträchtigten Menschen im betrieblichen Kontext stellt sehr spezifische Fragen, die sich aus dem BEM-Konzept ergeben, zum Beispiel: Wie fühlt sich ein Mensch, der wegen seiner gesundheitlichen Beeinträchtigung und seiner Fehlzeiten sich unvermittelt vor oder in einer Gruppe („BEM-Team") von Vertretern der Arbeitgeber- und der Betriebsratsseite mit Betriebsarzt wiederfindet und nun zu seiner gesundheitlichen Situation befragt werden soll? Gibt es zu diesem Setting nicht weniger „tribunale" Alternativen? Begünstigen solche Settings nicht die perspektivische Engführung auf die Wechselwirkung von (diagnostizierter) Krankheit und ausschließlich arbeits(platz) bedingter Belastung? Wie entstehen Vertrauen, Offenheit und Ehrlichkeit im BEM? Womit müssen Beraterinnen und Berater rechnen, die mit gesundheitlich und auch seelisch instabilen Menschen zu tun haben? Gibt es ein Beratungsmodell, in dem menschliche Nähe und Zielorientierung nicht in Widerspruch zueinander geraten? Und welche Haltungen brauchen betriebliche Laienberaterinnen und -berater, die in solchen Verfahren und Gesprächen mit stärkeren Gefühlsäußerungen und nicht locker zu handelnden Situationen rechnen müssen? Situationen, die auch die Beraterin oder den Berater nicht kaltlassen? Womit auch die psychischen Belastungen der Beraterinnen und Berater zu thematisieren sind.

Mit zunehmendem Alter, weiß man, nimmt die Wahrscheinlichkeit, ernsthaft zu erkranken, zu. Es ist realistisch anzunehmen, dass in unseren Betrieben, deren Belegschaften sich dem Durchschnittsalter 50 nähern, einem konsequent angewandten BEM die Arbeit nicht ausgehen wird. Es lohnt sich daher, das BEM ernsthaft zu entwickeln und die benötigten Kompetenzen einer hinreichenden Zahl von beratungsfähigen Mitarbeiterinnen und Mitarbeitern zukommen zu lassen. Nur so wird man der gesetzlichen Forderung Rechnung tragen können, nach Erfüllung des AU-Zeiten-Solls *zeitnah* nachhaltige rehabilitierende Verfahren einzuleiten.

Ich erhebe nicht den Anspruch, in diesem Büchlein alle Fragen und Aspekte der BEM-Beratung befriedigend bearbeiten zu können. Mir geht es vornehmlich darum, sie ins Zentrum der Aufmerksamkeit zu rücken und die Sensibilität der Verantwortlichen wie der Akteurinnen und Akteure für eine klientenorientierte Beratung zu fördern.

Meine Leserinnen bitte ich herzlich um Verständnis, dass ich um die Lesbarkeit des Textes nicht zu erschweren, für generelle, d. h. geschlechtsneutrale Funktions- und Rollenbezeichnungen ab jetzt die männliche Form nehmen werde.

Peter Waltner

Erwartungen an die Beratungskompetenz im BEM

Kompetente Beratung durch Laien?

Die Anforderungen an die betriebliche Sozialberatung sind durch die Einführung des BEM zweifellos gewachsen. Gleichzeitig ist es völlig unrealistisch, alle schwierigeren Gespräche an den Betriebsarzt delegieren zu wollen. Ich sehe keinen Grund, weshalb nicht auch medizinische Laien unter dem Siegel der Verschwiegenheit im BEM, vornehmlich Arbeitnehmervertreter (BR, SBV) und Personalmanager, solche Gespräche professionell führen könnten. Sie müssen dabei weder zu Medizinern noch zu Psychotherapeuten mutieren, ebenso wenig wie ggf. eine juristische Laienkompetenz sie zu Rechtsberatungen berechtigt.

Zielorientierte Beratung im BEM

Alles „aus einer Hand"

In der Grundstruktur sind sich alle Beratungsprozesse ähnlich, ob es sich um eine anwaltliche Beratung, medizinische oder psychologische/psychotherapeutische handelt, ob um eine Berufs-, Erziehungs-, Ehe- oder um betriebliche Beratung, wie zum Beispiel im Rahmen des BEM. Die Schwerpunkte mögen sehr verschieden sein, ebenso die Formen der beraterischen Intervention: Die Erziehungsberaterin berät nur, sie muss nicht selbst in die Erziehungspraxis der ratsuchenden Eltern eingreifen. Auch Therapeuten, Supervisoren und Coaches werden nicht Maßnahmen ergreifen, die über ihr therapeutisches, supervisorisches und Coaching-Instrumentarium hinausreichen. Anders der Arzt und der Anwalt: Beide beraten *und* beschließen verantwortlich Maßnahmen, womit eine Lösung der Problematik erreicht werden soll. Und häufig führt der Arzt die beschlossene Therapie eigenhändig durch. Der Anwalt weitet sein Mandat auf die Vertretung des Mandanten vor Gericht aus.

Auch die Beratung im Betrieb zielt auf die Umsetzung ihrer Ergebnisse ab. Es ist folglich nicht ungewöhnlich, dass der Berater persönlich an der Umsetzung der Maßnahme beteiligt ist. Er kann zum Beispiel im Rahmen des Monitorings[1], mit dem eine BEM-Maßnahme begleitet wird, Gespräche mit Dritten führen (natürlich nicht ohne Kenntnis und

---

[1] Zum Monitoring s. S. 67 f.

Einverständnis des Klienten[2] – besser noch: mit seiner Beteiligung!), etwa mit dem Vorgesetzten des Klienten. Das Monitoring macht frühzeitig Schwächen der Maßnahme erkennbar. Sie wird nachjustiert, um negative Effekte zu vermeiden. Ebenso werden Konflikte, die mit der Implementierung einer Maßnahme in Verbindung stehen, im Frühstadium erkannt und können – möglicherweise vom BEM-Begleiter in der Rolle des Moderators – ausgeräumt werden.

Die *Zielorientierung* ist also ein Charakteristikum von Beratungsprozessen, die in konkrete Maßnahmen übergehen sollen. An deren Umsetzung wirkt sinnvollerweise der Berater mit.

Zielorientierung und Ergebnisoffenheit

Zielorientierung steht nicht im Widerspruch zu Ergebnisoffenheit. Der Anspruch der Ergebnisoffenheit des BEM-Prozesses ergibt sich in erster Linie aus der verpflichtenden Beteiligung des BEM-Klienten in allen Phasen des Prozesses. Sie ergibt sich zweitens aus der ganzheitlichen Perspektive, die über den engen Rahmen des betrieblichen Systems hinausgreift. Zum einen, weil verstärkt Aspekte einbezogen werden, die nicht oder nicht primär betrieblicher Natur sind: medizinische, psychologische, soziale und private. Zum anderen, weil dem betrieblichen System mehr als je zuvor eine Anpassungsbereitschaft an die Bedürfnisse des Mitarbeiters abverlangt wird, dessen Probleme dank des BEM offenkundig geworden sind. Systeme lassen sich ebenso verändern und gewandelten Bedingungen anpassen, wie der Mensch sich gezwungen sieht, sich Systembedingungen anzupassen, nicht selten zu einem hohen Preis ...

---

[2] Aus der Beraterperspektive bietet sich auch im BEM-Verfahren für den „BEM-Berechtigten" der Begriff „Klient" an. „Klient" bedeutet nicht nur „Kunde", sondern lässt sich etymologisch in der ursprünglichen Bedeutung auf das Griechische *„klinein"* = *„(sich) anlehnen"* zurückführen. Damit lässt sich gut das Vertrauensverhältnis zum Berater assoziieren. Ich werde daher diesen Begriff hier vorzugsweise verwenden.

Zwei Prinzipien:
Vertrauen und ganzheitliche Wahrnehmung

Vertrauen unabdingbare Basis

Der Erfolg des BEM – sowohl im Einzelfall als auch hinsichtlich einer breiten Akzeptanz des BEM in der Belegschaft – steht und fällt mit dem Vertrauen in die am BEM beteiligten Akteure. Vertrauen ist die entscheidende Grundlage für alles Weitere. Die BEM-Berechtigten müssen darauf vertrauen können, dass sich die BEM-Berater/-Begleiter[3] empathisch auf sie einlassen, ihnen zuhören können, mit viel Geduld und ohne Druck auf sie auszuüben.

Gesundheit, Arbeit, Umfeld – Den Menschen und seine Belastungssituation ganzheitlich wahrnehmen

Wer vorzeitig an eine konkrete Problemlösung denkt und das Gespräch auf dieses Ziel hin fokussiert, erfährt zu wenig. Meist bleiben so die außerbetrieblichen Belastungsfelder im Dunkeln und entziehen sich dem Einblick in das Zusammenwirken von *labilem Gesundheitsstatus, betriebsinternen Stressoren* (Arbeitsanforderung, Anpassungsdefizite in der Technik und/oder Organisation des Arbeitsplatzes, Arbeitszeit, Arbeitsplatzumgebung, Teamkonflikte, Qualifizierungsmängel, Arbeitsweg ...) und *externen Belastungen* (Familie, Wohnsituation/Umfeld, finanzielle Situation, psychische Situation, [Lebens-]Krise ...).

Diese drei Belastungsfaktoren: Gesundheit, Arbeit, Umfeld, können sich wechselseitig verstärken. Die Frage, was Ursache und was Wirkung ist, dürfte selten einfach zu beantworten sein. Wichtiger ist, dass der Berater von einer *Wechselwirkung* dieser drei Faktoren ausgeht, dass er diese konkret erkennt und es dem Klienten erleichtert, darüber zu sprechen. Der Klient muss spüren können, dass der Berater die Person *ganzheitlich* zu verstehen versucht und nicht nur ein betriebliches Problem gelöst haben möchte. Nur so kann auf einer tragfähigen Vertrauensbasis ein effizienter, nachhaltiger Lösungsansatz gefunden werden.

Solcher „Aufwand" ist gewiss nicht in jedem Fall erforderlich. Nach einer unfallbedingt längeren Arbeitsunfähigkeit ist die Problematik

---

[3] Die Rollenbezeichnungen (BEM-)„Berater" und „Begleiter" sind synonym zu verstehen. Allenfalls treten in ihnen spezielle Aspekte dieser Rolle in den Vordergrund.

wahrscheinlich weniger komplex. Es genügt, die Arbeitssituation nach Rückkehr des Klienten aus der AU-Phase seinem Gesundheitsstatus und den Rehabilitationserfordernissen anzupassen. Schwieriger gestaltet sich das BEM in Fällen diffuser Häufungen kürzerer AU-Phasen, hinter denen sich eher jenes komplexe, schwer zu entwirrende Zusammenwirken interner und externer Belastungsfaktoren vermuten lässt.

Beratung von Menschen in seelischen Krisen[4]

Sehr sensibel sind Beratungsgespräche mit psychisch angeschlagenen Menschen zu führen. Dass sie keine Seltenheit mehr sind, ist nicht überraschend. Gerade die psychisch bedingte Arbeitsunfähigkeit nimmt bekanntlich seit einigen Jahren dramatisch zu. Vielleicht tendiert man heute vorschnell zu „Diagnosen", wie Burn-out und Depression, nachdem man psychosomatische Symptome und Anzeichen einer Suchtgefährdung zu lange ignoriert (und tabuisiert) hat. Sie blieben verdeckt und konnten sich nur in den traditionell akzeptierten Krankheitsbildern rein physischer Gesundheitsstörungen (Kreuzschmerzen, Migräne, Magen-Darm-Beschwerden, Herz-Kreislauf-Symptomatik) artikulieren.

Dem Laien steht es nicht an, fragwürdige Diagnosen zu stellen, sondern sich sensibel auf die psychische Befindlichkeit des Klienten einzustellen. Dazu kann gehören, ihn auf seine offensichtlich schwierige seelische Verfassung (ohne Diagnose!) anzusprechen. Der Berater teilt ihm seine Wahrnehmungen mit („spiegelt" sie) in Form einer Ich-Aussage *(„Ich habe den Eindruck, dass es Ihnen zur Zeit gar nicht gut geht. Sie wirken auf mich ganz bedrückt und gleichzeitig sehr unruhig.")* und ohne Druck, sich erklären zu müssen, also *ohne* die nachgeschobene „Verhör"-Frage: *„Was ist es denn, was Sie so belastet?"* Wenn der Klient sich dazu äußern will, wird er den Impuls der Spiegelung seines Zustandes aufgreifen, um über sich zu sprechen. Diese Gesprächssequenz darf nun nicht in eine pseudotherapeutische Behandlung durch den Berater ausarten. Nicht ausgeschlossen sind Empfehlungen, sich psychologisch, psychotherapeutisch beraten zu lassen oder, je nach Problemlage, Hinweise auf Stellen für Sucht-, Schuldner-, Partnerschafts-, Erziehungsberatung.

Die klare Ziehung dieser Kompetenzgrenzen und die Einigung darüber

---

[4]   Zum Thema Beratung in Krisen ausführlicher auf S. 76-81.

vorausgesetzt, können wir uns der Frage nähern, wie wir uns Beratung im BEM vorzustellen haben. Zuerst werfen wir aber einen Blick auf das BEM-Team und seine Funktion.

Das BEM-Team –
Organisations- und Entscheidungszentrum

Einige Fragen zur Selbstorganisation des BEM-Teams

Wie muss man sich das BEM-Team vorstellen?[5] Wie organisiert es sich? Gibt es ein Kern- und fallweise ein erweitertes Team? Sind im Kernteam Arbeitgeber- und Arbeitnehmerinteressen paritätisch repräsentiert? Wer leitet/moderiert das Team bzw. die erweiterten variablen Teams? Ein vom Arbeitgeber eingesetzter (neutraler?) BEM-Koordinator? Oder zieht man die rollierende Leitung vor? Gibt es eine Arbeitsteilung? Wie weit reicht die Entscheidungskompetenz des Teams? Wer entscheidet über (selten völlig kostenneutrale) Maßnahmen? Wie werden Meinungsverschiedenheiten ausgetragen und zum Konsens bzw. zur Entscheidung geführt? Wie verhindert man, dass BEM-Fälle zum Austragungsort von Machtspielen zwischen Arbeitgeber und Betriebsrat verkommen? Welche Rolle spielt der Klient im Team?[6] Kann er einen Anwalt in die BEM-Gespräche mitbringen?[7] ...

Die Fragensammlung ließe sich weiterführen. Ich habe mir nicht die Aufgabe gestellt, diese Fragen zu beantworten. Mir geht es hier vorrangig um die Gesprächsführung im Umgang mit dem Klienten. Die Fragen lassen aber erahnen, wie anspruchsvoll die Aufgabe ist und wie viel Gestaltungsfreiraum das BEM-Konzept auf der Basis des § 84 Abs. 2 SGB IX den Unternehmen lässt. Die BEM-Teams in den Betrieben sollten es sich nicht ersparen, für diese und weitere Fragen im Konsens praktikable Regelungen zu treffen.

---

[5] Dazu Giesert M., Wendt-Danigel C.: *Handlungsleitfaden für ein Betriebliches Eingliederungsmanagement,* Hans-Böckler-Stiftung, 2011, S. 17 (www.boeckler.de/pdf/p_ arbp_199.pdf); Kaiser H., Frohnweiler A., Jastrow B., Lamparter K.: *Abschlussbericht des Projekts EIBE – Eibe 2. Entwicklung und Integration eines betrieblichen Eingliederungsmanagements.* 2009. S. 71–73 und 76 f (www.neue-wege-im-bem.de/ sites/neue-wege-im-bem.de/dateien/download/Kaiser_-_EIBE_II-Projektbericht.pdf); Feldes W., Niehaus M., Faber U.: *Werkbuch – Betriebliches Eingliederungsmanagement,* Bund-Verlag, 2016, S. 134–143.

[6] Dazu kommen wir auf Seite 25 f.

[7] Diese letzte Frage habe ich, da sie immer wieder in den Schulungen zum BEM auftaucht, hier mit aufgenommen. Für die Diskussion juristischer Fragen ist hier nicht der Ort. So beschränke ich mich auf die knappe Information: Nach gängiger Rechtsprechung muss der Arbeitgeber die Begleitung des Klienten durch seinen Anwalt nicht hinnehmen. (LArbG Mainz, 18.12.2014, Az. 5 Sa 518/14). Siehe dazu auch Beseler L., *Betriebliches Eingliederungsmanagement nach § 84 Abs. 2 SGB IX aus arbeitsrechtlicher Sicht,* Rieder-Verlag, 2015, S. 64

Das BEM-Team – ein Projektteam[8]

Stellen wir uns das BEM-Team als ein **Projekt-Team** vor. Wie in jedem Projektteam sind auch im arbeitsteiligen BEM-Team verschiedene Kompetenzen, persönliche Motive und Einstellungen versammelt. In *seinen* Projekten sind nicht technische Lösungen für Produktanforderungen von Kunden zu entwickeln, sondern – zielorientiert, aber ergebnisoffen – zu helfen, die prekäre Arbeitssituation von Mitarbeitern so zu gestalten, dass ihre angeschlagene Gesundheit und ihr Job sich miteinander in Einklang bringen lassen, sodass weder das eine noch das andere in Gefahr gerät. Die Kompetenzen des Teams sind im Rahmen des *individuellen* BEM-Projekts in den Dienst *dieses* Mitarbeiters zu stellen. Nicht mehr und nicht weniger erwartet der Gesetzgeber von den Unternehmen. Oder mit anderen Worten: Der BEM-berechtigte Mitarbeiter ist „Kunde" und gleichzeitig „Mitarbeiter" des BEM-Projektteams.

Unter der Überschrift **„Prävention"** verpflichtet der Gesetzgeber im § 84 SGB IX Abs. 2 die Unternehmen, Mitarbeitern nach schwerer Krankheit oder bei dauerhaft labiler Gesundheit – symptomatisch dafür die hohe Anzahl an AU-Tagen – eine intelligente Lösung für das Problem anzubieten. Die Ziele: Gesundheit und Job „präventiv", was in diesem Zusammenhang nichts anderes heißt als *„nachhaltig"*, in die Balance zu bringen, dem Arbeits- und Gesundheitsschutz sowie der Gesundheitsförderung [9] individuell Vorrang einzuräumen und auf diese Weise Arbeitsplatz bzw. Beschäftigung des BEM-Berechtigten zu sichern.

Diese Forderung macht auch nicht Halt vor den eingefahrenen betrieblichen Systemen der Arbeitsorganisation. Nach dem Motto: Das System, die Organisation ist *(auch)* an die Menschen anzupassen und nicht *(nur)* die Menschen ans System. Heute hält man viel von flexiblen und intelligenten Systemen, die sich rasch auf neue Anforderungen (des Marktes) einstellen lassen. Was spricht dagegen, diese System-

---

[8]   In diesem Sinne siehe auch Althoff V., Frobel S., Klaesberg S., Tinnefeld S., de Wall-Kaplan D.: *BEM von A–Z – ein Praxishandbuch,* Rieder-Verlag, 2013, S. 30–42.

[9]   BEM, Arbeitsschutz und Gesundheitsförderung sind denn auch die drei Säulen eines **Betrieblichen Gesundheitsmanagements (BGM).** Die Effektivität des BEM, haben Studien ergeben, ist in Betrieben mit einem etablierten BGM höher, da die individuelle BEM-Maßnahme eingebettet ist in eine Betriebskultur, in der der Wert Gesundheit mehr ist als nur eine nützliche Privatsache.

eigenschaft auch den Menschen, die in ihnen und mit ihnen arbeiten, zugute kommen zu lassen?

Flexible Arbeits- und Entscheidungsstrukturen des BEM-Teams

BEM-Verfahren können flexibel organisiert werden. Zum einen, weil Fälle unterschiedlich sind, zum anderen weil Betroffene mit unterschiedlichen Voraussetzungen in das Verfahren hineingehen. Wie viele Sitzungen des BEM-Teams in welcher Besetzung nötig werden, hängt ganz von der Komplexität des Falles ab. Der gesundheitliche Status der Person, die Gesundheitsprognose und das Alter sind ebenso zu berücksichtigen wie ihr Arbeitsplatz, beruflicher Status, Qualifikation, Fortbildungs- bzw. Umschulungsmöglichkeiten. Auf der Ebene des Systems müssen die (technischen) Anpassungsmöglichkeiten des Arbeitsplatzes und der Arbeitsorganisation ausgelotet, die schrittweise Eingliederung nach dem Hamburger Modell inklusive flexibler Teilzeit bis hin zur Arbeitsassistenz und letztlich zum Arbeitsplatzwechsel in Betracht gezogen werden. Die finanziellen Auswirkungen auf Klientenseite sind nicht weniger wichtig als die Kostenkalkulation auf der Seite des Betriebs. Schließlich stellt sich die Frage nach der Kostenbeteiligung der Reha-Träger [10] sowie – bei schwerbehinderten Klienten – des Integrationsamtes.

Es gibt BEM-Fälle, deren bürokratische und/oder (arbeits-)medizinische Klärung und Bearbeitung von Lösungsansätzen aufwendig sind. In anderen Fällen liegt das Problem überwiegend in der Person des Klienten und seiner sozialen Stellung in der Abteilung. Eine labile psychische Verfassung und/oder Konflikte mit den Teamkollegen stellen an die Problemlösungskompetenz des BEM-Teams also ganz andere Anforderungen als in den bürokratieintensiven Fällen. Wie ist mit Widerständen der Kollegen gegen eine Problemlösung umzugehen, die nur Erfolg haben wird, wenn sie sie mittragen? Wäre eine Versetzung nicht doch die bessere Alternative? ...

---

[10] Gesetzliche Kranken-, Unfall-, Rentenversicherung, Bundesagentur für Arbeit, Öffentliche Jugendhilfe, Sozialhilfe (SGB XII). Wer im Einzelfall zuständig ist, lässt sich derzeit noch über die Gemeinsamen Servicestellen für Rehabilitation regeln, die bundesweit für alle Landkreise und kreisfreien Städte als Ansprechpartner für Betroffene und Arbeitgeber eingerichtet wurden (www.reha-servicestellen.de). Leider haben sich diese Servicestellen in der Praxis nicht wie erwartet bewährt, sodass sie vermutlich wieder aufgelöst werden.

17

Fakt 1: Kein Fall ist wie der andere.

Fakt 2: Die psychischen und sozialen Aspekte von Krankheitsgeschichten gewinnen an Bedeutung. Ein professioneller Umgang mit
diesen „Nebenerscheinungen" wird mehr und mehr für den
Erfolg des BEM entscheidend sein.

Beratungs- und Entscheidungsebene des BEM-Teams

Es liegt auf der Hand, dass sich die beiden Funktionsebenen des BEM-Teams, Beratungsebene sowie Organisations- und Entscheidungsebene, in einem Großbetrieb mit einer breit aufgestellten BEM-Organisation anders darstellen als in einem mittleren oder gar Kleinbetrieb. In KMU-Betrieben werden häufig wenige BEM-Akteure beide Funktionen in Personalunion ausüben müssen, während in größeren und Großbetrieben die Arbeitsteilung differenzierter ausfällt. Doch selbst da ist vorstellbar, dass es zur Übernahme beider Funktionen in einer Hand kommt.

Grundmodell einer BEM-Organisation

Was benötigt man zur Durchführung eines BEM-Falles? Organisation, Beratung, Entscheidung und Planung.

Die BEM-Organisation

wird im Allgemeinen getragen von der *Personalabteilung* und dem *BEM-Team*. Zusätzlich kann der Arbeitgeber einen *BEM-Koordinator* einsetzen, der für die ordnungsgemäße Durchführung der individuellen BEM-Projekte sorgt. Er organisiert die Teamsitzungen und leitet sie. Er ist für die sichere Verwahrung der BEM-Akte verantwortlich. In manchen Unternehmen führt er außerdem das Erstgespräch mit dem BEM-Berechtigten. Wie weit seine Entscheidungsbefugnis in Kosten- und Finanzierungsfragen von Maßnahmen geht, ist eine Frage des Kompetenzrahmens, den er vom Arbeitgeber gesetzt bekommt.

Das Verfahren beginnt in der Personalabteilung. Sie sorgt für die systematische Erfassung von BEM-Berechtigten und informiert die Arbeitnehmervertretungen, den Koordinator und das BEM-Team. Der nächste Schritt ist die formelle Einladung des Arbeitgebers an die BEM-berechtigten Mitarbeiter und die bürokratische Verarbeitung der Rückläufe. In der Regel sind auch diese Aufgaben in der Personalabteilung angesiedelt. Sie ist im Zuge des Verfahrens zuständig für die Aufnahme der persönlichen BEM-Rahmendaten in die *Personalakte* des BEM-Berechtigten. Die Sitzungsprotokolle und alle personenbezogenen Daten aus dem Verfahren gehen in die *BEM-Akte,* die ein dafür Verantwortlicher aus dem BEM-Team, der BEM-Koordinator oder der Betriebsarzt verwahrt. Die vom BEM-Team angeforderten externen Experten zu BEM-Gesprächen und -Sitzungen sind einzuladen und für Terminierung und Räumlichkeiten der Sitzungen ist zu sorgen. Diese Aufgaben fallen in vielen Betrieben der Personalabteilung zu. Ohne Anspruch auf Vollständigkeit zu erheben, wird ersichtlich, dass die BEM-Bürokratie durchaus nicht unerheblich ist und Ressourcen bindet.

Vier Funktionen des BEM-Teams

Die erste, auch in chronologischer Hinsicht, ist *Beratung.* Wahrnehmen sollten diese Aufgabe im BEM geschulte Vertreter der AG-Seite und der Seite der Arbeitnehmervertretungen (BR und SBV), möglichst jeweils beiderlei Geschlechts.[11] Wer die Beratungsgespräche führt und wer hinzugezogen wird, darüber entscheiden in erster Linie der Klient und in Absprache mit ihm das Team.

Die zweite Funktion des BEM-Teams betrifft die *Entscheidung über Maßnahmen zur Wiedereingliederung und deren Planung,* ebenso über die Beendigung des BEM sowie die Evaluation des Prozesses und seines Ergebnisses. Dazu bedarf es eines entscheidungskompetenten Vertreters des Arbeitgebers im Team. Die Entscheidungsebene im Team sollte paritätisch mit je einem oder je zwei Arbeitgeber- und BR-Vertretern besetzt sein. Sie können auch als Sitzungsleiter/Moderatoren des BEM-Teams fungieren, sofern es keinen Koordinator gibt.

Eine dritte Funktion des BEM-Teams betrifft die *Koordination* der an der Durchführung der Maßnahme beteiligten Akteure/Funktionsträger, interne und ggf. auch externe, sowie das *Monitoring* während der Erprobungsphase der Maßnahme bis zu ihrem offiziellen Abschluss. Das Monitoring wird sinnvollerweise von den Beratern übernommen, vorzugsweise von dem Berater, der den Klienten bereits durch das Verfahren begleitet hat.

---

[11] Es ist auch nicht ungewöhnlich, externe professionelle Berater zu engagieren, in der Regel mit Zertifikat in Disability-Management. Vorteil: Sie sind nicht Teil des betrieblichen Systems, auch nicht der informellen Netzwerke. Dies erhöht die Gewährleistung von Datenschutz und Schweigepflicht. Nachteil: Die Auswahlmöglichkeiten für die Klienten sind sehr begrenzt. Denkbar ist auch die Kombination von internen und externen Beraterinnen und Beratern. Dies würde die Wahlmöglichkeiten komfortabel erweitern, insbesondere auch für Führungskräfte, die als BEM-Berechtigte möglicherweise dankbar wären für das Angebot externer Beratung.

Eine vierte Funktion betrifft die *Führung der BEM-Akten* samt Fall-Dokumentationen und die Verantwortung für die Gewährleistung des *Datenschutzes*.

Zwei Funktionsebenen des Teams

Diese vier Funktionen verorte ich auf zwei Funktionsebenen des BEM-Teams: die **Organisations- und Entscheidungsebene** sowie die **Beratungsebene.** Beratung findet natürlich auf beiden Ebenen statt, in den Fallsitzungen des Teams, wenn Entscheidung und Planung von Maßnahmen anstehen, in den Beratungsgesprächen, die der individuelle Fallberater mit seinem Klienten und ggf. einer weiteren Vertrauensperson des Klienten in Eigenregie führt. Im Modell ist unter „Beratungsebene" diese zweite Art der persönlichen Fallberatung zu verstehen.

Diese genannten Funktionen sind in einem BEM-Verfahren zu erfüllen, unabhängig von der Betriebsgröße. Je kleiner das BEM-Team, desto geringer ist die Möglichkeit der Arbeitsteilung. Je größer die Teams, desto mehr nimmt der arbeitsteilig betriebene teaminterne Koordinations- und Organisationsaufwand zu.

Kleinere Betriebe werden eher kleine BEM-Teams haben. Vermutlich sind darin alle Mitglieder auch in der Funktion als persönliche Fallberater (Fallbegleiter, -manager) tätig, nicht nur als beratende und entscheidende Teilnehmer der Teamsitzungen, in denen die Maßnahmen gemeinsam entwickelt und geplant werden.

In Großbetrieben muss der *Berater-Pool* groß genug ist, um das Fallaufkommen zu bewältigen und dabei zu gewährleisten, dass die Verfahren zeitnah zum Eintritt der BEM-Berechtigungen eingeleitet werden können. Diese Gruppe von Fallberatern ist Teil des BEM-Teams, sie sind aber nicht alle notwendigerweise Teilnehmende an den Teamsitzungen. Gehen wir realistischerweise davon aus, dass, je nach Betrieb und Fallzahlen, die Teamsitzungen turnusmäßig einmal monatlich bis vierzehntägig stattfinden.[12] Für jede Sitzung werden mehrere Fälle auf die Agenda gesetzt. Wie in einer Gerichtssitzung bekommt jeder Fall seinen Termin mit Angabe der Uhrzeit von/bis.

---

[12]   In der Anfangsphase nach Einführung des Betrieblichen Eingliederungsmanagements werden die turnusmäßigen Teamsitzungen häufiger sein, bis der Stau der Altfälle abgebaut ist.

Der jeweilige Klient, mit seinem Berater an der Seite, nimmt diesen Termin wahr. (Gesetzt den Fall, dass der Klient nicht persönlich an der Sitzung teilnehmen möchte, geht der Berater allein in die Sitzung und nimmt in seinem Auftrag und nach sorgfältiger Absprache dessen Interessen wahr.) Der Berater ist also nur Sitzungsteilnehmer, wenn und solange sein „Fall" besprochen wird. Es versteht sich von selbst, dass Berater, die auch Entscheidungsfunktion im Team haben (also beiden Teamebenen angehören), während der gesamten Sitzungsdauer des Teams anwesend sind.

Was für die „Nur-Berater"/Fallmanager gilt, gilt auch für Ladung und Teilnahme der internen und externen Experten. Vor allem die Terminkalender der Externen, namentlich des Betriebsarztes, werden Einfluss auf die Sitzungsagenda des Teams haben, da deren Verfügbarkeit enge Grenzen gesetzt sein dürften. (Dies spricht für turnusmäßige Sitzungen, deren Planung sich langfristig mit den wichtigsten externen Partnern abstimmen lässt.)

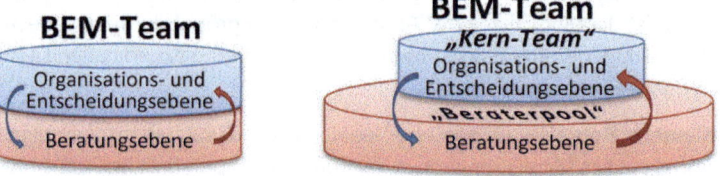

Abb. 1: Das BEM-Team in kleineren und größeren Betrieben

Die beiden Grafiken sollen veranschaulichen, wie variabel sich die Teamorganisation je nach Betriebsverhältnissen darstellen kann. In kleineren und mittleren Betrieben (linke Grafik) mit kleinen BEM-Teams werden deren Mitglieder auf beiden Ebenen agieren. In größeren und Großbetrieben (rechte Grafik) wird sich eine stärkere Arbeitsteilung im BEM-Team herausbilden. Die zeitintensive Beratungsebene muss personell stärker besetzt werden als die Organisations- und Entscheidungsebene. Letztere formiert sich im „Kernteam" und kann personell klein ausfallen. Das Kernteam klein zu halten, empfiehlt sich insbesondere aufgrund der Erfahrung, dass kleine Teams in der Regel schneller zu Ergebnissen kommen als große und auch in der inneren Organisation wendiger sind als größere Besetzungen. Was hier nicht dargestellt ist: Auch in der Variante „Kernteam und Beraterpool" ist eine personelle Überschneidung der beiden Ebenen nicht ausgeschlossen, sodass von einem Kontinuum der Mischformen zwischen dem linken und dem rechten Modell auszugehen ist. In diesem Falle würde das eine oder andere Mitglied des Kernteams auch in der Beratung aktiv sein. Wie weit diese Mischkonstruktion anfällig ist für interne Konflikte, darüber will ich hier nicht spekulieren. Die Entscheidungsebene sollten Arbeitgeber und Betriebsrat paritätisch besetzen: üblicherweise je ein oder zwei Vertreter.

Verknüpfung der Funktionsebenen

Die beiden Funktionsebenen sind eng miteinander verbunden. Im linken Modell dürfte die Schnittstelle kaum zu spüren sein, da die Mitglieder des Teams als Akteure auf *beiden* Ebenen in engem Austausch stehen. Im rechten Modell besitzt die Beraterebene eine größere Autonomie, da nur wenige, wenn überhaupt welche, aus dem *Beraterpool* in Personalunion Berater und Akteure des Kernteams sind. Hier ist die Schnittstelle klar erkennbar. Die Rückkopplung der Aktivitäten und Erfahrungen auf der Beraterebene mit dem Kernteam muss in der internen Organisation des BEM abgebildet werden. Dafür ist eine geeignete Form des regelmäßigen Austauschs zu institutionalisieren. Für diese Organisationsform bietet sich die Unterstützung durch einen Koordinator an.

Die Einbindung der Schwerbehindertenvertretung

Die **Schwerbehindertenvertrauensperson** ist vernünftigerweise als fachkundige Beraterin in den Sitzungen des Teams *ständiges Mitglied.* Sie steht auch behinderten (nicht nur schwerbehinderten und gleichgestellten) und von Behinderung bedrohten Kollegen als persönliche Fallberaterin zur Verfügung.

Die (oder eine) **stellvertretende Schwerbehindertenvertrauensperson** sollte ebenso, wie die anderen Kollegen im BEM-Team, geschult werden und die Chance bekommen, sich in die Praxis der Fallbearbeitung, sei es in den Teamsitzungen oder in der persönlichen Fallberatung, einzuarbeiten. Diese sehr sinnvolle Regelung geht zwar über den gesetzlichen Ansatz hinaus. Die Mitarbeit von zwei Mitgliedern der SBV wäre daher näher zu bestimmen und in die Betriebsvereinbarung zum BEM aufzunehmen.

Für die Doppelbesetzung der SBV-Beteiligung spricht ein weiteres Argument: Wenn von beiden Seiten der betrieblichen Partnerschaft

Berater, also Personaler und Betriebsräte, den BEM-Kandidaten zur Wahl stehen, jeweils beiderlei Geschlechts, müsste analog dazu den schwerbehinderten Kolleginnen und Kollegen diese Wahlmöglichkeit, möglichst ebenso für beide Geschlechter angeboten werden.

Was für die Betriebsratsvertreter im BEM-Team gilt, gilt auch für Teammitglieder der SBV: Sie sind in das BEM-Verfahren schwerbehinderter Mitarbeiter generell einzubeziehen, sofern der BEM-Berechtigte nicht ausdrücklich ihre Beteiligung ablehnt.

Der Klient – die Hauptrolle im BEM

In unserer Fragensammlung[13], die das BEM-Team betrifft, wurde auch nach der Rolle des Klienten gefragt. So banal diese Frage zunächst klingt, sie ist nicht weniger anspruchsvoll als die anderen. Klar: Es geht um ihn, ja, er wird sogar als (zweiter) „Herr"[14] des Verfahrens bezeichnet. Es steht in seiner Macht, ein BEM anzunehmen oder abzulehnen, ein laufendes Verfahren jederzeit abzubrechen, ggf. sich seinen Gesprächspartner (Berater) auszusuchen und eine Person seines Vertrauens hinzuzuziehen. Also spielt er eine Hauptrolle. Was heißt das in der betrieblichen Realität eines hierarchisch organisierten Systems, in dem er sich eher als Rädchen fühlt (selbst Führungskräften geht es so) denn als einer, der das große Rad dreht? Wie stark ist diese Hauptrolle des Klienten *de facto,* wenn es konkret um die Mitorganisation seines Verfahrens und um die Mitsprache in Sachfragen geht?

Die Frage nach der „Hauptrolle" des Klienten muss, glaube ich, präzisiert werden: Wie kann eine **selbstbestimmte Mitwirkung des Klienten** ermöglicht werden? Mehr noch: Wie kann diese **gefördert** werden?

Von der Schwierigkeit, sich als „Herr" des Verfahrens zu fühlen

Die Fähigkeit der Mitarbeiter, sich einzubringen: kritisch, selbstbewusst, konstruktiv, im Verhaltensspektrum zwischen den unproduktiven Alternativen eines widerspruchslosen Ja-Sagens und trotziger Totalverweigerung, ist nicht generell vorauszusetzen. Sie wird zwar in manchen Unternehmensleitlinien betont, aber in der Praxis des betrieblichen Alltags steht sie in der Hierarchie der Werte selten oben. Sie kann von Abteilung zu Abteilung variieren. Bildungs- und Qualifikationsniveau der Belegschaft und des betroffenen Mitarbeiters spielen hierbei ebenso eine Rolle wie Betriebsklima und Führungsstil. Und nicht zu unterschätzen: die besondere Situation eines Menschen, dessen Fehlzeitenkurve nach oben und dessen Leistungskurve nach unten ging. Er sieht sich unter Rechtfertigungsdruck; die plötzliche, hochformelle, rechtlich geforderte Aufmerksamkeit des Arbeitgebers

---

[13] Siehe oben Seite 15.

[14] Der erste Herr des Verfahrens ist der Arbeitgeber. Er ist zu Angebot und Durchführung des BEM gesetzlich verpflichtet.

an seiner Gesundheit löst eher gemischte Gefühle als pure Freude aus. Dass er einen Rechtsanspruch auf das BEM hat, ändert wenig an dieser Verunsicherung.

Wen wundert's, dass es wenigen BEM-Berechtigten danach ist, selbstbewusst ihre Rolle als *„Herren bzw. Herrinnen des Verfahrens"* wahrzunehmen? Wer traut sich schon, mutige Vorschläge zu machen, wie sein Arbeitsplatz umzugestalten, seine Arbeitszeit anzupassen, sein Arbeitspensum durch Umverteilung im Team zu reduzieren sei? Weiß man doch zu gut, dass man sich mit solchen Sonderwünschen weder bei den Vorgesetzten noch bei den Kollegen Freunde macht. Die Zuordnung zur Kategorie „Minderleister", *„Low Performer"*, (Schwer-)Behinderte ... ist in der Arbeitswelt meist mit Statusverlust verbunden. Und noch nicht genug: Wen verunsichert nicht die eigene Wahrnehmung nachlassender Power und der brüchig gewordenen Gesundheit?

All das trägt nicht zur Stärkung des Selbstbewusstseins bei. Wem fällt es da leicht, sich *aktiv* in diesen Prozess einzubringen, ihn gar im eigenen Sinne steuern zu wollen?

Was hilft: Stressabbau

Dennoch: Es geht nicht ohne aktives, *selbst-bewusstes* Mitwirken des Klienten. Es lässt sich auch nicht an den Arzt delegieren. Nur der Betroffene selbst kennt seine Arbeitssituation, wie er sie subjektiv erlebt, und die damit verbundenen Belastungen. Nur er selbst weiß um seine privaten Lebensumstände, in die sein Job eingebettet ist. Nur er kann sagen, was ihm helfen würde, Gesundheit und Arbeit besser miteinander in Einklang zu bringen. Klienten, die sich schwertun, ihre Bedürfnisse klar auszudrücken und Anpassungen zu reklamieren, werden daher zuvörderst geduldige Unterstützung und Ermutigung brauchen.

Dieses realistische Szenario lässt spüren, worauf es ankommt: auf **Stressreduktion**, v. a.

- durch eine möglichst unbürokratische Form des BEM-Angebots: eine echt *„einladende* Einladung" (Erstkontakt)
- durch die persönliche Kontaktaufnahme eines BEM-Teammitglieds mit dem BEM-berechtigten Mitarbeiter, zeitnah zum Einladungs-schreiben des Arbeitgebers, besser noch als Vorankündigung

- durch die Trennung von schriftlicher Einladung zum BEM und ausführlicher mündlicher Information über das BEM. In einem ersten Gespräch ist auf alle Fragen des Betroffenen zum Verfahren samt rechtlichem Hintergrund und Datenschutz sowie auf seine Bedenken und Befürchtungen einzugehen.

- dadurch, dass das Erst- oder Infogespräch unter vier Augen mit dem vom Klienten gewählten Ansprechpartner aus der Beraterliste stattfindet,

und schon im Vorfeld im Rahmen der betrieblichen **Öffentlichkeitsarbeit**

- durch das BEM-Team, d. h. durch *gemeinsam* von AG und BR organisierte Einführungsveranstaltungen zum BEM, in denen alle Vorbehalte und Befürchtungen (auch wenn die Zuhörer sie nicht im Saal vor Publikum artikulieren) offen angesprochen und entkräftet werden. Die Öffentlichkeitsarbeit zum Thema BEM ist nicht auf eine einmalige Veranstaltung zu dessen Einführung beschränkt. Im Rahmen eines umfassenderen Gesundheitsmanagements sollte in gewisser Regelmäßigkeit über das BEM mit aktuellen Informationen berichtet werden.

Es geht darum, die größten Hürden: Unsicherheit, Angst, Misstrauen, abzubauen und mit dem BEM einen gesundheitspolitischen Schritt nach vorne für *alle* Mitarbeiter zu verbinden. Dies erfordert umso mehr Einsatz, als damit zu rechnen ist, dass hinter dem BEM zunächst eine verschärfte Form der unbeliebten Krankenrückkehrgespräche vermutet wird. Umdenken braucht Zeit und Geduld und ist nicht mit einer Aktion erledigt. Und auch in jedem individuellen BEM-Fall aufs Neue wird der Berater Geduld und Zeit aufbringen müssen, um im persönlichen Gespräch das Vertrauen zu gewinnen.

Der BEM-Berater: Fallmanager, Begleiter, „Pate" und Coach in einer Person

Der „Pate" und das Team

Der BEM-Berater ist selbstverständlich Mitglied des individuellen BEM-Teams seines Klienten. Wenn den BEM-Berechtigten mehrere Berater, weibliche und männliche, zur Auswahl stehen und die Wahl des Klienten auf einen aus dieser Gruppe gefallen ist, begleitet diese Person ihren Klienten im Normalfall [15] durch den gesamten BEM-Prozess hindurch, falls von ihrer Seite oder seitens des BEM-Teams dem nichts entgegensteht.

Wie vereinbart sich diese „Paten"-Funktion mit dem Team-Konzept des BEM? Im Sinne von Ergänzung und Entlastung. Je nach Fall und Person des Klienten kann der Begleiter als seine Person des Vertrauens ihn auf Sitzungen mit dem Team vorbereiten. Zugegeben, darin liegt eine gewisse Versuchung, den Klienten in eine bestimmte Richtung zu beeinflussen. Andererseits liegen die Vorteile auf der Hand:

Vorteile für den Klienten

Im vertrauten Zwiegespräch kann der Klient offener über seine Gefühle sprechen, über seine Unsicherheit, Angst, Wut, Enttäuschung, Zweifel, Freude, Hoffnung oder Hoffnungslosigkeit als am Runden Tisch in einer Teamsitzung. Er kann Fragen stellen, sogar wiederholt, wenn er sich der Antwort nicht mehr sicher ist. Er kann seine Situation frei und ausführlich schildern. Er kommt nicht unter Zeitdruck und er kann seinen Berater jederzeit anrufen.

In der Teamsitzung weiß er den Berater als Partner („Paten") an seiner Seite. Er erwartet von ihm Unterstützung und dass dieser, wenn nötig, ihn davor schützt, vorschnell (unter Stress) einen Vorschlag des Teams anzunehmen oder abzulehnen. Die sorgfältige Prüfung aller Vor- und Nachteile und die Vorbereitung einer Entscheidung mag im Zweiergespräch danach erfolgen.

Psychisch wenig belastbare Klienten kann die Teilnahme an einer mehrköpfigen Teamsitzung sogar völlig überfordern. In solchen Fällen wird der Berater zum Sprachrohr seines Klienten. Er trägt im Team

---

[15] Unter Normalfall verstehe ich, dass die Vertrauensbasis zwischen Klient und Berater hält und es nicht zu einem Zerwürfnis ihrer Beziehung kommt.

die Ergebnisse der Zweiergespräche vor und nimmt die Stellungnahmen der Teamkollegen in die weitere Beratung unter vier Augen mit. Der Klient muss sich allerdings darauf verlassen können, dass der Berater nur die Informationen und Äußerungen ins Team trägt, deren Weitergabe er, der Klient, freigegeben hat.

Je nach Thema kann dieses Setting kann auch frei variiert werden: z. B. durch die Erweiterung des Zweier-Settings Berater + Klient um einen Dritten im Bunde: sei es der Vorgesetzte, ein Teamkollege, der zuständige Personalmanager, ein Betriebsratsmitglied oder ein externer Experte (z. B. der Betriebsarzt), der zu der speziellen Frage auf diesem Wege direkt mit dem Klienten ins Gespräch kommt.

Vorteile für das BEM-Team

Die Klärungs- und Entscheidungsprozesse müssen nicht komplett im Team ablaufen. Das „Gespann" Klient und Berater zieht gut vorbereitet in die Teamsitzung und die dort erarbeiteten Vorentscheidungen können in der Nachbereitung zu zweit in Ruhe zur endgültigen Entscheidung ausreifen.

Durch die Verlagerung eines Teils des Beratungsprozesses auf das Berater-Klient-Setting lassen sich die Sitzungen des BEM-Teams reduzieren, hinsichtlich der Frequenz wie auch ihrer Länge.

Der Fallmanager – Scharnier zwischen Person- und Systemebene

Das variable Modell „Berater/Fallmanager und Team" hat sich in der Praxis bewährt. Es erlaubt eine individuelle sowie zeitökonomische und kostensparende Gestaltung der Verfahren. Es setzt voraus eine qualifizierte Beratung und ein Wahlangebot von mindestens einer Beraterin und einem Berater, je nach Betriebsgröße entsprechend mehrere beiderlei Geschlechts. Zu empfehlen ist auch ein Angebot an Beraterinnen und Berater vonseiten sowohl des BR und der SBV als auch der Personalabteilung. Auf den Vorteil zusätzlich externer Berater habe ich bereits hingewiesen. (Anm. 11, S. 20)

Als Fallmanager wird der Berater zum Bindeglied, das den stärker auf die Person ausgerichteten Beratungsprozess im Zweier-, ggf. erweitert zum Dreier-Setting (z. B. mit dem Betriebsrat oder dem Vorgesetzten), und den stärker auf die Systemlösung ausgerichteten Arbeitsprozess des Teams, in dessen personeller Zusammensetzung sich ja die Systemebene abbildet. Dieses Modell sorgt also durch die duale Struktur des BEM-Prozesses für die Sicherung einer ausgewogenen Repräsentanz der Interessen auch dann, wenn der Klient selbst nicht in der Lage ist, seine Interessen und Vorstellungen angemessen zu vertreten.

Der Berater – „Coach"[16] des Klienten

Der perfekte BEM-Klient: aktiv, verantwortungsbewusst, entscheidungsfähig

Eines muss jedoch in allen BEM-Projekten gewährleistet sein: die bestmögliche aktive Einbindung des BEM-Berechtigten von Anfang an und den gesamten Prozess hindurch. Da es vorrangig um den Klienten, seine Gesundheit und Leistungsfähigkeit geht, hängt vieles von seiner Bereitschaft ab, Verantwortung für sich zu übernehmen. Die Verantwortlichkeit ist die andere Seite seines Rechts, das Projekt jederzeit zu beenden. Ohne ihn lässt sich das Projekt folglich nicht machen. Der Arbeitgeber und er sind die beiden Herren des Verfahrens. Der Arbeitgeber steht in der Pflicht, wenn die Bedingungen für ein BEM erfüllt sind, das BEM anzubieten und durchzuführen. Über dessen Realisierung entscheidet allein der Klient. Und nicht nur über das Ob. Auch über das Was und das Wie entscheidet er maßgeblich mit. Schließlich geht es ja um niemand und nichts anderes als um ihn. Doch das ist leichter gesagt als getan.

---

[16] Wenn ich hier vom BEM-Berater als „Coach" des Klienten spreche, so verbinde ich in unserem Zusammenhang damit vor allem als die Wunschvorstellung, dass der Berater sich als *Begleiter* verstehe, der ihn in der Zeit des BEM-Verfahrens, vor allem im Monitoring der Maßnahmenumsetzung, nach Kräften unterstützt und ermutigt. Keine Frage, dass dieses Rollenverständnis anschlussfähig ist an das wissenschaftlich fundierte und praxiserprobte Konzept des Arbeitsfähigkeitscoaching (AFCoaching), das am Institut für Arbeitsfähigkeit entwickelt wurde. Für eine erste Information über das AFCoaching als Rahmenkonzept für das BEM siehe Liebrich A., Giesert M., Reuter T.: *Das Arbeitsfähigkeitscoaching* (www.arbeitsfaehig.com/uploads/content/pdf/sammelbaender/13_Liebrich_Giesert_Liebrich_Arbeitsfaehigkeitscoaching_2015.pdf).

Wie kann der Berater diese Tugenden des Klienten fördern?

Wie spiegelt sich die Erwartung an Verantwortung und aktive Mitwirkung des Klienten im Verhalten des Beraters? Als Beispiel eine fast nebensächliche Szene vom Beginn eines BEM-Verfahrens in zwei Varianten:

Frau Gerda K. ist BEM-berechtigt und hat Herrn Georg B. auf dem Antwortformular als gewünschten Berater, seines Zeichens Personalreferent und Mitglied des BEM-Teams, angekreuzt. Er ruft sie an, um ihr mitzuteilen, dass er bereit sei, die BEM-Begleitung zu übernehmen. Am Ende des Gesprächs ...

Variante 1:

... kommt der Berater zur Terminfrage: *„Nun müssen wir noch einen Termin für unser erstes Gespräch ausmachen. Darin geht es noch nicht um Ihre gesundheitliche Situation. Zuvor möchte ich sie über das BEM informieren und auf alle Ihre Fragen dazu eingehen. Ich kann Ihnen den nächsten Montag, 14:30 Uhr, im kleinen Meetingraum 3, anbieten. Haben Sie da Zeit?"*

Klientin: *„Ja, das geht schon. Ich habe nächste Woche Frühschicht und da bin ich um 14 Uhr fertig. Ja, das krieg' ich schon hin."*

Berater: *„Oh, Sie schichten?! Sorry, das habe ich nicht gewusst."*

Klientin: *„Sind denn diese Gespräche auch außerhalb der Arbeitszeit?"*

Berater: *„Nee, normalerweise nicht. Mal schauen, ob ich Ihnen einen anderen Termin anbieten kann."*

Klientin: *„Schon gut, lassen Sie's bei dem Termin! Es geht ja."*

Berater: *„O.k., danke! Dann bleibt's also bei Montag, 14:30 Uhr, ja?"* ...

Variante 2:

... kommt der Berater zur Terminfrage: *„Nun müssten wir noch einen Termin für unser erstes Gespräch finden. Darin geht es noch nicht um Ihre gesundheitliche Situation. Zuvor möchte ich Sie über das BEM informieren und auf alle Ihre Fragen dazu eingehen. Damit Sie danach in Ruhe entscheiden können, ob Sie diese Hilfe in Anspruch nehmen wollen oder nicht. Denn darüber entscheidet ja* *mal ausnahmsweise nicht der Chef, sondern allein Sie selbst! Wann würde es Ihnen passen?*

Klientin: *„Muss das schnell sein?"*

Berater: *„Das hängt ganz von Ihnen ab. Von der Sache her ist es natürlich sinnvoll, Ihre Gesundheit möglichst schnell zu unterstützen."*

Klientin: *„Soll das Gespräch in meiner Arbeitszeit oder in der Freizeit stattfinden?"*

Berater: *„Normalerweise finden alle BEM-Gespräche während der Arbeitszeit statt. Aber wenn Ihnen eine andere Zeit lieber ist und sie auch in meine Arbeitszeit fällt, warum nicht?"*

Klientin: *„Okay – dann wär's mir recht, gleich im Anschluss an meine Frühschicht, um 14 Uhr, nächste Woche."*

Berater schaut in seinen Terminplaner: *„Ja, das geht nächste Woche, nur nicht Dienstag und Freitag. Also an welchem Tag?"*

Klientin: *„Gut, dann nehm' ich gleich den Montag."*

Berater: *„Okay, also nächsten Montag, 14 Uhr, im kleinen Meetingraum 3."* ...

Worin unterscheiden sich die beiden Varianten?

In **Variante 1** kommt man schneller zum Ergebnis. Der Berater hat wahrscheinlich einen dichteren Terminkalender als die Klientin; er er informiert sie über den Zweck des Gesprächs und bietet ihr einen Termin an. Die Klientin, deren Schichtende eine halbe Stunde vor dem Termin liegt, könnte diesen Termin verweigern. Es ist aber der erste, telefonische Kontakt mit dem Berater, sie weiß von ihm nur, dass er Personalreferent ist, und sie scheut sich, sein Angebot abzulehnen. Gleichzeitig will sie ihm durch eine Andeutung signalisieren, dass für sie dieser Termin nicht optimal sei. Er nimmt das schwache Signal zwar wahr, aber korrigiert sein Angebot nicht entschieden genug, und so bleibt es bei dem ersten Termin, bei beiden ein unbefriedigendes Gefühl zurücklassend.

Das Vertrauen der Klientin in den Berater konnte sich in dem kurzen telefonischen Kontakt nicht entwickeln. Ihre Beziehung zu ihm orientiert sich in dieser ersten Begegnung ausschließlich an seinem gehobenen Status „Personalreferent" (und Arbeitgebervertreter), der es ihr geraten sein lässt, vorsichtshalber nicht abzulehnen. Ihr Verhalten ist „diplomatisch", ganz an der hierarchischen Beziehung orientiert, nicht auf Augenhöhe. Die Sachfrage und die eigene Interessenlage müssen dahinter zurückstehen. Sie ist noch weit weg davon, sich als „Herrin des Verfahrens" zu fühlen.

Variante 2 braucht mehr Zeit, um zum Ergebnis zu kommen. Auch hier *führt* der Berater das Gespräch. Er nutzt die Terminfrage, um mit der Information über den Zweck des Gesprächs die Entscheidungsverantwortung des Klienten im BEM zu thematisieren und das anstehende Informationsgespräch daraus zu begründen. Auch in Variante 2 fühlt sich die Klientin, Frau K., dem Berater aus der Personalabteilung gegenüber zunächst nicht auf Augenhöhe. Aber sie spürt, dass er sie ernst nimmt und bereit ist, sich weitgehend nach ihren Bedürfnissen und Vorschlägen zu richten. Diplomatische Rücksicht der Klientin ist nicht nötig, denn er versetzt sie von vorn herein in die Rolle der Entscheiderin in der Sache. Er gibt damit nicht seine eigene Zeitautonomie auf. Er hat auch einen Terminkalender und kann Nein sagen. Das einzige Risiko ist, dass die Terminsuche etwas länger dauert, als wenn er die Termine zur Auswahl stellt.

**Hilfe zur Selbstverantwortung und Entscheidungsfähigkeit beginnt mit kleinen „Übungen"!
Die Terminabsprache ist eine solche.**

Verantwortungsbewusste Beteiligung einüben

Die Übung ist wichtiger als die Terminfrage, der Lernprozess wichtiger als die Sache. Die Zeit, die darein investiert wird, zahlt sich später aus. Das Üben beginnt gleich zu Beginn in den kleinen Organisationsfragen. Selbstverantwortung kann nicht in der großen Entscheidungsfrage über die richtige BEM-Maßnahme abgerufen werden, bevor sie nicht in den „unwichtigen" Alltagsentscheidungen, die es auch in BEM-Verfahren gibt, heranwachsen konnte.

Selbstverantwortung gründet auf Selbstvertrauen. Beide Qualitäten können gerade in BEM-Verfahren, in das die Klienten nicht in einer Position der Stärke hineingehen, nicht vorausgesetzt werden. Wer Ja sagt, weil er sich nicht traut, Nein zu sagen, braucht stetige Ermutigung und „Heraus"-Forderung, Entscheidungen zu treffen. Man mag es bedauern, aber im BEM muss zuallererst echte Entscheidungsfähigkeit trainiert werden – wie ein atrophierter Muskel ...

Führungskräfte und Betriebsräte als BEM-Berater

Der Prozess hat Vorrang vor Ziel und Ergebnis

Informationstransfer in beide Richtungen

Wer wegen einer ernsten, noch ungeklärten Erkrankung zum ersten Mal zum Arzt geht, bringt außer den Symptomen vor allem Hoffnungen und Ängste mit, aber kaum medizinische Kenntnisse über die Krankheit selbst und wie sie behandelt werden könne. Doch schon beim ersten Arztbesuch und mehr noch beim Folgetermin, wenn die Untersuchungsbefunde besprochen werden, kommt es zu einem Wissenstransfer vom Arzt zum Patienten sowohl über das Wesen seiner Krankheit als auch über die Behandlungsmöglichkeiten. Holt sich der Patient – sicher ist sicher – noch eine zweite Fachmeinung ein, erweitert sich sein Wissen und damit wächst auch seine Fähigkeit, sachkundig an der Entscheidung über seine Behandlung mitzuwirken.

Ähnlich verhält es sich auch, wenn ein Klient sich auf ein BEM-Verfahren einlässt. Hier geht es freilich nicht (vorrangig) um die ärztliche Diagnose und Behandlung, sondern um die Frage, wie die die Arbeitssituation mit den gesundheitlichen Bedürfnissen in Einklang gebracht werden kann. Auch da bewegt sich das Denken des Klienten zunächst eher in vagen Wunschvorstellungen (oder in pessimistischer Resignation). Der Berater muss erst erkunden, wie sich die Gesamtproblemlage darstellt, zum einen von Klientenseite, zum anderen vonseiten des Betriebs und drittens unter Berücksichtigung aller technischen und organisatorischen Optionen sowie externer Förderungs- und Finanzierungsmöglichkeiten, bevor die Suche nach Lösungsansätzen beginnen kann.

Komplexe Entscheidungssituation mit Hindernissen

In der ärztlichen Behandlung wird sich der Patient schnell für die aussichtsreichste Behandlung entscheiden und auf den Rat des Arztes hören. Auch der BEM-Klient wird sich den fachlichen Rat seines BEM-Beraters bzw. des BEM-Teams anhören. Aber ob er die vorgeschlagenen Maßnahmen für sich als geeignet ansieht und akzeptiert, ist eine andere Frage. In seine Entscheidung fließen weitere Faktoren ein, die sich ihm aus seiner Betriebserfahrung aufdrängen: So könnte seine gewohnte Arbeitsroutine gestört werden; Auswirkungen aufs Team und auf die Beziehung zu den Vorgesetzten wären zu befürchten;

die Sonderbehandlung, von allen bewusst registriert, drückte ihm den Stempel des *„Low Performers"* auf, den man schlecht wieder loswürde; und wer möchte schon zum offiziellen Problemfall werden?

Der Berater braucht für Widerstände gegen solche – ausgesprochenen oder unausgesprochenen – *Neben*-Effekte des BEM nicht weniger Sensibilität und beraterische Kompetenz als für die Erarbeitung einer optimalen Problemlösung. Berater, die von Beginn an schnurstracks auf das *sachliche* Ziel der Beratung, die konkrete Maßnahme, zusteuern, neigen dazu, die Bedeutung des psychologischen (Reifungs-) Prozesses für den Erfolg zu unterschätzen. Sie tun sich schwer, das Ziel als Frucht, nicht als Vorgabe jenes Prozesses zu verstehen. Und riskieren damit, dass der Klient sich unter Druck fühlt und das BEM-Verfahren vorzeitig abbricht oder, nach Erreichung des Ziels, der Erfolg nur von kurzer Dauer ist.

Führung in der Beratung bietet Sicherheit und sorgt für Struktur

Eine erwünschte Qualität von Führungskräften und anderen „Machern" ist, entscheidungsfreudig zu sein und mit klaren Ansagen zu führen nach dem Prinzip: Problem erkannt – Gefahr gebannt. So funktional und ökonomisch diese Qualität in ihren Zuständigkeitsbereichen auch sein mag, so hinderlich kann sie in Beratungssituationen sein, in denen es um anderes geht als um Transfers von Know-how und um Organisationstalent in kleineren und größeren Katastrophen. Schon bei der Klärung und Moderation von Konflikten greift oft das „Macht-wort" zu kurz, auch wenn es für den Moment so scheint, als habe sich so das Problem erledigt. Menschen in Krisen benötigen eine andere Art der Beratung und der Problemlösung. Aber auch in dieser Art der Beratung ist Führung gefragt: ein *begleitendes* Führen, das sich der Gangart des Klienten anpasst.

Führung in der Beratung ist begleitendes Führen.

Führung in der Beratung von Menschen in Krisen heißt, Aufbruch und Veränderung zu ermöglichen durch Vermittlung von Sicherheit und Ermutigung auf dem *eigenen* Weg des Klienten, ohne diesen Weg und die Gehbewegungen des Klienten bestimmen zu wollen. Führung im BEM orientiert sich vorrangig am Sinn und Zweck des *Prozesses*

(„Der Weg ist das Ziel!"), nicht am Ziel, das bereits das Ergebnis vorwegnähme, selbst wenn es aufgrund der Sachlage vorhersehbar auf der Hand läge. Der Berater legt das Ziel in die Hand des Klienten und begleitet ihn auf seinem Weg dorthin. Dies ist für den Berater nicht immer einfach, vor allem wenn er, insbesondere als Führungskraft, von sich erwartet, Probleme zielstrebig und sachrational zu lösen.

Rollenkonflikt in der Konstellation Personalmanager = BEM-Berater

Personaler und Führungskräfte als BEM-Berater? Geht das? Ist ihre Identifikation mit dem Arbeitgeber nicht zu stark, um unvoreingenommen einem Mitarbeiter gegenüberzutreten und eine Nähe zuzulassen, die zu jener unbedingten Akzeptanz führt, ohne die Vertrauen und Ehrlichkeit in der Beziehung schwerlich gedeihen können?

Wenn der Klient nicht ehrlich sein kann ...

Wie soll eine Mitarbeiterin, wenn sie einem Personaler gegenübersitzt, zugeben können, dass sie wegen ihres häufig kranken Kindes sich manchmal nicht anders zu helfen wusste, als sich selbst krankzumelden? Kommen da echte Lösungen nicht von vorn herein schon gar nicht ins Blickfeld, weil sie genau an der bereits genannten Schnittstelle Betrieb–Familie ansetzen müssten, dem Knackpunkt des Problems dieser Klientin? Wenn's zur Krise kam, glaubte sie, den Konflikt zwischen Arbeits- und Mütterpflichten nur mit dem AU-Schein entschärfen zu können. (Gelöst wurde er ja nicht. Die unerlaubte Konfliktlösung kam zwar nur in akuten Krisenfällen zum Einsatz, der Dauerstress dieses ungelösten Rollenkonflikts aber bleibt.) Man stelle sich eine solche Beratung im Teamsetting vor! Auf diese Weise würden alle BEM-Fälle, in denen ein eigener – arbeitsrechtlich sanktionsfähiger – Schuldanteil des Klienten steckt, kaum problemadäquat bearbeitet werden können. Nicht nur die berufstätige Mutter kann in solche Zwickmühlen geraten, suchtgefährdete Mitarbeiter, um nur ein weiteres Beispiel zu nennen, bewegen sich im BEM-Verfahren auf einem ähnlich schmalen Grat zwischen Wahrheit und Lüge.

Die Führungskraft als Beraterin im Loyalitätskonflikt

Zurück zur Rollenkonstellation Personalmanager = BEM-Berater. Darin steckt Konfliktpotenzial. Strukturbedingt. Dies ist ernst zu nehmen. Das heißt, darüber sollte im Team und mit dem AG offen gesprochen werden. Anders werden die Führungskraft, die Personalreferentin, der Personalreferent nicht den Rücken frei bekommen, um sich mit völliger Unvoreingenommenheit und im freien Wechselspiel von Nähe und Distanz auf den Menschen, der ihnen im BEM gegenübersitzt, einlassen können. *Sie* müssen sich davon freimachen können, damit sich auch der Klient davon lösen kann. Dies setzt die offene Kommunikation darüber voraus. Mehr noch: Der mit dem Auftrag der BEM-Beratung verbundene spezielle Anspruch an persönlicher Einstellung und beraterischer Gesprächsführung ist in das Rollenbild des BEM-Beraters einzutragen. Führungskräfte und Arbeitgebervertreter, die diesen Beratungsauftrag annehmen, müssen verinnerlichen, dass sie in der Funktion des Beraters allein diesem Auftrag verpflichtet sind. Nur so kann der innere Rollenkonflikt zwischen den Erwartungen an einen loyalen Arbeitgebervertreter und den Erwartungen an die unvoreingenommene Unterstützung des Klienten überwunden werden.[17]

Dieses Thema ist nicht nur mit dem Arbeitgeber und im BEM-Team zu besprechen, sondern auch mit dem Klienten und zwar bei der ersten Begegnung mit ihm im BEM. Der Klient muss unzweifelhaft realisieren:

– dass der Gesprächspartner ihm jetzt nicht als Arbeitgebervertreter gegenübersitzt, sondern *ausschließlich* als BEM-Berater und -Begleiter,

– dass alles, also auch Aussagen des Klienten über Vorgänge, die er normalerweise keinem Vorgesetzten offenbaren würde, unter Verschwiegenheitspflicht fallen und

– dass nur das ins Team weitergegeben wird, wozu der Klient ihn ausdrücklich autorisiert.

Der Fall unerlaubter Notlösung mittels AU-Schein dürfte gar nicht so selten sein und es wäre fatal, wenn genau der dahinterliegende, z. B. familienbedingte, chronische Konfliktstress nicht bearbeitet werden könnte. Dieses Manko lässt sich nur beheben, indem die Rolle des

---

[17] Auf einschlägigen Schulungen zum BEM-Berater, Case-Manager, Disability-Manager, betrieblichen Sozialberater, die auch offen sind für Führungskräfte und Personalreferenten, kann dieses Rollenverständnis des unabhängigen Personalberaters professionalisiert werden.

BEM- bzw. allgemein des betrieblichen Personalberaters so professionalisiert wird, dass sie von allen, den Mitarbeitern wie den Führungskräften und dem Arbeitgeber, als eigenständige, unabhängige Institution wahrgenommen und anerkannt wird.

Dieses für viele Menschen im Betrieb gewöhnungsbedürftige Rollenbild von arbeitgebernahen Rollenträgern muss auch *öffentlich* bekannt gemacht werden und zwar genau von den Personen selbst, die im BEM Funktionen übernehmen werden.

Rollenklärung ermöglicht konsistentes Verhalten

Psychologische und soziale Kompetenz ist im BEM nicht weniger gefragt als Sachkompetenz. Und dieses Erfordernis kann für Führungskräfte und Personaler zu einem echten Rollenkonflikt führen zwischen Entscheider und Berater, Vertreter der Arbeitgeberinteressen und „Pate" des Klienten. Solange diese beiden „Identifikationen" und Verhaltensmuster sich im Wege stehen, wird das Verhalten des Beraters als inkonsistent, nicht authentisch, unehrlich wahrgenommen werden. Mit der Folge, dass der Klient misstrauisch wird oder sein vorhandenes Misstrauen bestätigt fühlt – ein Nährboden, auf dem kaum Offenheit und Ehrlichkeit wachsen können, auf beiden Seiten nicht.

Ein Klient, der sich einem Personaler im BEM-Verfahren anvertraut, muss sich dessen unvoreingenommener Unterstützung sicher sein können. Auch in den Sitzungen des BEM-Teams, wo jener – etwa im Gegenspiel zum BR-Mitglied –, Gefahr läuft, seiner Beraterrolle, vielleicht ohne es zu merken, untreu zu werden und auf die Arbeitgeberposition umschwenken.

Auch Betriebsräte fühlen
„zwei Seelen, ach! in meiner Brust"

Das „betriebsratspolitische" Potenzial in BEM-Fällen

Betriebsräte können in einen ähnlichen Orientierungskonflikt geraten. Auch ihre Identifikation kann widersprüchlich sein. In ihrem Fall ist es die Identifikation mit den Interessen und der Politik des Betriebsrats. Besonders gelagerte BEM-Fälle können einen günstigen Anlass für BEM-„Politik" bieten: ein Exempel zu statuieren, um etwa die Personalpolitik des Arbeitgebers unter Druck zu setzen oder die Grenze des Zumutbaren im Wiedereingliederungsverfahren weiter zu ziehen, als jener freiwillig bereit ist. Aufgrund der *betriebspolitischen* Bedeutung eines Falles gerät dem betriebsrätlichen Berater allzu leicht die *individuelle* Problematik seines Klienten aus dem Blickfeld. Der Klient mag zwar das Ziel (womit der Betriebsrat lockt) attraktiv finden, aber gleichzeitig möchte er vermeiden, vom Chef und seinen Vorgesetzten in dieser Situation als besonders anspruchsvoll und fordernd wahrgenommen zu werden. Wie soll er mit dieser verzwickten Situation umgehen? Traut er sich, seinem engagierten Helfer, der bereit ist, alles für ihn zu tun, in den Arm zu fallen, um dessen „selbstlosen" Kampf zu stoppen?

Wie Führungskräfte und Personaler, müssen sich auch Betriebsräte in der Rolle von BEM-Beratern von gewohnten Identifikationen lösen. Ein bestimmter BEM-Fall mag noch so gut zur betriebsratspolitischen Linie passen; wenn der betriebsrätliche Berater jedoch spürt, dass der Klient sich schwertut, in seiner Strategie eine *für ihn* adäquate Lösung seines Problems zu sehen, hat er sich ganz auf die Seite seines Klienten zu stellen, selbst wenn – aus betriebsrätlicher Sicht – die Zeichen gut stünden, den Konflikt mit dem Arbeitgeber zu Gunsten des Klienten (und im Sinne des BR) auszufechten. Gewiss kann er seinem Klienten die betriebsrätliche Strategie vorstellen, ja, empfehlen, als *eine* Möglichkeit, nicht als einzige oder die einzig richtige. Und er darf ihm nicht verschweigen, dass der zu erwartende Konflikt mit dem Arbeitgeber auch von ihm Standfestigkeit erfordere. Entscheidet sich der Klient trotz der Warnung für diese Option, wird er im Schulterschluss mit dem Berater in der Sitzung des BEM-Teams hinter seiner Entscheidung stehen.

Kein wirksamer Eingriff ohne Risiken und Nebenwirkungen

Mögliche „Risiken und Nebenwirkungen" dürfen also fairerweise nicht unterschlagen werden. Aus der Medizin kennen wir die Verpflichtung, vor Operationen oder Therapien mit Nebenwirkungen den Patienten ausdrücklich und detailliert auf die Risiken hinzuweisen und sich die Unterrichtung durch Unterschrift bestätigen zu lassen. Problemlösungen in BEM-Verfahren können nicht nur zu Konflikten mit dem Arbeitgeber(vertreter) führen, sondern auch zu finanziellen Einbußen (z. B. wenn Schichtzuschläge wegfallen), zu einem verschärften Kontrollverhalten des Vorgesetzten oder zum Verlust der gewohnten Teamumgebung. Schließlich hat der Klient, nicht der Berater, die Entscheidung über das weitere Vorgehen zu treffen. Der Berater hat gegebenenfalls eine „zweitbeste" Option zu akzeptieren und sie genauso engagiert zu unterstützen, wie wenn sein Klient den (vielleicht tatsächlich besseren) Vorschlag des Betriebsrats angenommen hätte.

Das BEM-Team – eine partnerschaftliche Institution

Die Überlegungen zu den Rollen- und Loyalitätskonflikten der BEM-Akteure im Allgemeinen und der Fallberater im Besonderen machen deutlich, welch hohe Ansprüche an die BEM-Teammitglieder der Arbeitgeber- wie der Betriebsratsseite zu richten sind. Und dass die Überwindung des Lagerdenkens im BEM-Team wie auch die Zuerkennung von Entscheidungskompetenz die professionelle Umsetzung des § 84 Abs. 2 SGB IX erleichtert. Das BEM-Team als Institution im Betrieb muss daher eine eigene Gruppenidentität ausbilden können. Dieses Team-Bewusstsein entsteht nicht von selber, sondern setzt ein Bemühen aller Beteiligten voraus.

Auf einen hilfreichen Aktivansatz, der auch identitätsstiftend wirkt, möchte ich hinweisen: Das BEM-Team stellt sich *gemeinsam* der Betriebsöffentlichkeit vor. Es informiert – Betriebsrat, SBV und Arbeitgebervertreter in seltener Einmütigkeit – *gemeinsam* und periodisch über das BEM. Und nicht zuletzt sollte das Team auch an sich denken und wenigstens einmal im Jahr sich eine gemeinsame Klausurtagung gönnen, um ihre Arbeit und ihre Zusammenarbeit in Ruhe einer eingehenden Betrachtung zu unterziehen.

In diesem Sinne steckt im BEM auch die Chance, die Vision des Betriebsverfassungsgesetzes von der viel beschworenen und so schwer umzusetzenden *vertrauensvollen Zusammenarbeit von Arbeitgeber und Betriebsrat zum Wohl der Arbeitnehmer und des Betriebs* (§ 2 BetrVG) an einem Kreuzpunkt beider Interessenlagen zu verwirklichen. Das BEM-Team wäre dann die Institution, die diese Zusammenarbeit für die Mitarbeiter konkret und sehr persönlich erfahrbar macht.

Individuelle Beratung im Regelwald.
Wie viel Spielraum gewährt das Verfahren?

Die BEM-Betriebsvereinbarung

In der Literatur zum BEM wird immer wieder lobend betont, dass der Gesetzgeber den Betrieben großen Spielraum bei der Gestaltung des eigenen betrieblichen Eingliederungsmanagements zugestanden habe. Dieses im Idealfall gemeinsam erarbeitete BEM-Konzept wird dann in einer *Betriebsvereinbarung* zur geltenden Norm.

Wenn man in Betriebsvereinbarungen gegossene BEM-Konstrukte miteinander vergleicht, lassen sich zwei Typen unterscheiden:

– BEM-Betriebsvereinbarungen, die detailliert jeden Schritt im BEM-Verfahren beschreiben und einen hohen Anspruch an Verfahrenssicherheit und Transparenz (Prozessdokumentation) erkennen lassen. Damit soll den Akteuren im BEM, den Mitgliedern des BEM-Teams und insbesondere den Beratern geholfen sein.

– BEM-Betriebsvereinbarungen, die in erster Linie die gesetzlichen Vorgaben wiedergeben, einige allgemeine Formulierungen und Formulare aus Muster-BVs übernehmen und kaum einen eigenständigen Ansatz eines BEM unter Berücksichtigung der spezifischen Bedingungen des eigenen Betriebs entwickelt haben.

Der zweite Typ legt den Verdacht nahe, dass die Vorarbeit mit dem Ziel, ein betriebspraktisches Tool den Akteuren an die Hand zu geben, zu kurz kam und immer noch wenig unternommen wird, um das BEM der Betriebsöffentlichkeit attraktiv zu präsentieren und ihm zu breiter Akzeptanz zu verhelfen. Beim ersten Typ machen sich die Sozialpartner zwar eine Menge Gedanken, um die bestmögliche Umsetzung des gesetzlichen Auftrags im eigenen Betrieb zu gewährleisten. Dabei wird aber leicht übers Ziel hinausgeschossen: Zu viel wird geregelt. Im Blätterwald der Formulare und Leitfäden bleibt nur noch wenig Spielraum für eine flexible Gestaltung für individuelle BEM-Verfahren und für ein Experimentieren in der Pilotphase, da alle Akteure bemüht sind, sich an die vereinbarten Regeln der BV zu halten. Die BV sollte daher besser zunächst Entwurfscharakter haben für eine definierte Zeit der Erprobung des Verfahrens und der Instrumente.

Das Grundschema des BEM-Verfahrens

❶ **Systematische Feststellung von BEM-Berechtigungen (Personalabteilung)** und zeitnahe Information über die betroffenen Personen an das BEM-Team, den BR und ggf. die SBV.

❷ **Erstkontakt: Initiative des Arbeitgebers,** dem BEM-Berechtigten die Teilnahme am BEM anzubieten; (schriftliche) Einladung zum Erstgespräch.
Lehnt die angesprochene Person ab: Ende des BEM. Nimmt sie es an: terminliche Vereinbarung des Erstgesprächs ggf. mit wählbarem BEM-Berater nach Beraterliste.

❸ **Erstgespräch: Information** über Ziele und Verfahren des BEM, rechtliche Fragen, Stellung des BEM-Berechtigten und Rechtsfolgen seiner Entscheidungen, Datenschutz und Verschwiegenheitspflicht. Unterschriftliche Bestätigung, über das BEM unterrichtet worden zu sein. Entscheidung des BEM-Berechtigten über Teilnahme oder Ablehnung;
Ja zum BEM: (ggf. neue) Wahl des persönlichen Begleiters durch das BEM-Verfahren; ggf. Mitwirkung bei der Zusammensetzung des BEM-Teams.

❹ **Fallbearbeitung:**
  a) **Fallbesprechung:** Problemdarstellung, Problemdefinition
  b) **Maßnahmenplanung:** Lösungssuche, Prüfung der Realisierungsmöglichkeit; Entscheidung, ggf. Mittelbeschaffung; Maßnahme(n) beschließen
  Variable Settings: vom Zweiergespräch bis zu Teamsitzungen mit in- und externen Experten.

❺ **Umsetzung der Maßnahme(n);** Monitoring; ggf. Anpassung des Eingliederungsplans

❻ **Abschluss des BEM:** Evaluation; ggf. Folgemaßnahme.

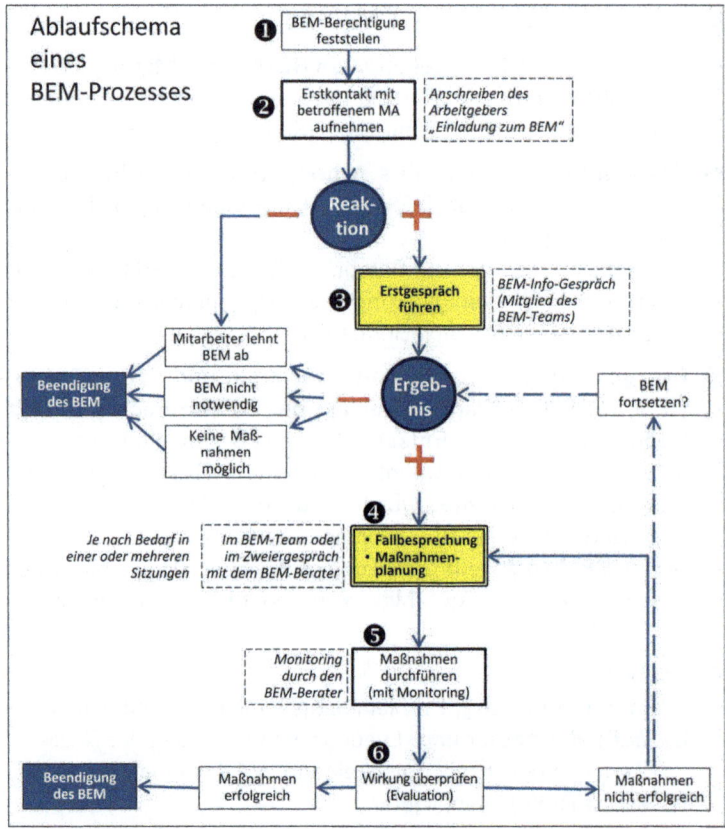

Abb. 2: Schematische Darstellung des BEM-Verfahrens

Der gesamte Prozess vollzieht sich in 6 Schritten bzw. in 7, wenn man Fallbesprechung (4a) und Maßnahmenplanung (4b) als eigenständige Positionen betrachtet. Diese Systematik sagt nichts aus über die Anzahl der im individuellen BEM erforderlichen Sitzungen. In einfachen Fällen kann sich der Beratungsprozess (Schritte 3 und 4a/4b) sogar auf eine einzige Sitzung beschränken. Ich betone diesen Unterschied zwischen Systematik und Praxis, warne aber vor der Versuchung, Verfahren möglichst zügig durchziehen zu wollen.

Einladung und Informationsgespräch

Zwei Weichen auf dem Weg zur freien Entscheidung

Die Anforderungen, die an die systematische Feststellung der BEM-Berechtigung (❶) gestellt werden, sind hinlänglich in der Literatur zum BEM beschrieben. Ich setze sie als bekannt voraus.

Im Eingangsbereich des Verfahrens sind zwei Weichen eingebaut, die dem Klienten eine **freie Entscheidung für oder gegen das BEM** ermöglichen sollen: im Erstkontakt (❷) und im Anschluss an das Erstgespräch (❸). Die ähnlich lautenden Schritte „Erst*kontakt*" und „Erst*gespräch*" [18], die in der BEM-Literatur gebräuchlich sind, verleiten dazu, den Unterschied zu verwischen. Zwar haben beide die Funktion, den Klienten zu einer freien und eigenverantwortlichen Entscheidung zu führen, aber in zwei klar getrennten Schritten.

Erstkontakt: Die *einladende* Einladung

Der *Erstkontakt* erfolgt auf Initiative des Arbeitgebers: ein formelles (schriftliches) Angebot des BEM samt Beraterliste zur Auswahl mit der Bitte um (ebenso formelle) Rückmeldung.[19] Sehr zu empfehlen ist die Praxis, dieses Schreiben in einem persönlichen Telefonat anzukündigen und den Empfänger darauf vorzubereiten. Realistischerweise ist davon auszugehen, dass in den meisten Fällen das Wissen über das BEM kaum über nebulöse Vorstellungen samt kursierender Bedenken und Befürchtungen hinausgeht. Umso wichtiger ist es, gerade im Einladungsschreiben jeden Entscheidungsdruck zu vermeiden. Selbst die leisesten Warnungen über „nicht auszuschließende rechtliche Konsequenzen" vor Gericht im Falle krankheitsbedingter Kündigung, falls das BEM-Angebot zuvor ausgeschlagen wurde, lesen sich wie Drohungen. Sie konterkarieren das Prinzip der Freiwilligkeit für die BEM-Berechtigten und sind in dieser Unbestimmtheit rechtlich auch

---

[18] Um der terminologischen Verwechslungsgefahr mit dem „Erstkontakt" zu entgehen, empfehle ich, das „Erstgespräch" inhaltlich treffender *„Informationsgespräch"* zu nennen und davon den Einstieg in die eigentliche Fallbearbeitung (Schritt ❹) methodisch abzugrenzen. Die methodische Abgrenzung schließt nicht aus, dass im einen oder anderen Fall die Fallbearbeitung in derselben Sitzung an das Informationsgespräch anschließt.

[19] Wenn unter dem Erstkontakt das formelle Angebot des Arbeitgebers in Form einer schriftlichen Einladung zum BEM verstanden wird, so lässt sich vorsorglich durch eine mündliche (telefonische) Ankündigung dieses Schreibens kurz davor vermeiden, dass der Erhalt des Schreibens den BEM-Berechtigten unnötig unter Stress setzt.

nicht haltbar. Über solche Fragen spricht sich's entspannter im persönlichen Gespräch.

Ein Nein zum Angebot muss noch nicht das Ende des BEM bedeuten. Man kann den Klienten immer noch mündlich auf das *unverbindliche* Informationsgespräch verweisen, damit er seine Entscheidung auf der Basis eines verbesserten Verständnisses des BEM und ggf. einer offenen Aussprache über seine Vorbehalte überdenken könne.[20] Die Türe zum BEM bleibe offen: Dem BEM-Berechtigten stehe es frei, jederzeit auf das Angebot zurückzugreifen.

Nach der Prüfung verschiedener Muster-Einladungsschreiben wie auch von firmeneigenen biete ich nachfolgend einen Formulierungsvorschlag an, der auf dem Anschreiben von RWE Power AG basiert und in www.talentplus.de veröffentlichst ist.[21] In diesem Text habe ich die hier vertretene Variante eines Informationsgesprächs eingearbeitet, das der Entscheidung des Klienten vorgeschaltet ist.

---

[20] Das BAG hat in seinem Urteil vom 24.03.2011, Az.: 2 AZR 170/10, einige Grundsätze des BEM präzisiert und betont, wie wichtig die Belehrung des BEM-Berechtigten über das BEM sei. Zitat aus dem Urteil, Abschnitte 25 und 26: *„Die Belehrung nach § 84 Abs. 2 Satz 3 SGB IX gehört zu einem regelkonformen Ersuchen des Arbeitgebers um Zustimmung des Arbeitnehmers zur Durchführung eines BEM (...). Sie soll dem Arbeitnehmer die Entscheidung ermöglichen, ob er ihm zustimmt oder nicht (...). Die Initiativlast für die Durchführung eines BEM trägt der Arbeitgeber (...). Stimmt der Arbeitnehmer trotz ordnungsgemäßer Aufklärung nicht zu, ist das Unterlassen eines BEM ‚kündigungsneutral' (...)."* (http://lexetius.com/2011,1998)

[21] www.talentplus.de/arbeitgeber/bestehende-arbeitsverhaeltnisse/bem/wie/praxis/index. html?infobox=/arbeitgeber/bestehende-arbeitsverhaeltnisse/bem/wie/praxis/infobox1. html. Auf den Link „Alle REHADAT-Praxisbeispiele für BEM im Betrieb" gehen; im Fenster „Praxisbeispiele" den Link mit der Nummer 18 (RWE Power AG) wählen.

Hier mein Vorschlag für ein Einladungsschreiben mit Rückantwort-formular:

Sehr geehrte Frau ..., sehr geehrter Herr ...,

(für Fälle von Langzeiterkrankung):

aufgrund Ihrer langen Erkrankung möchten wir Ihnen gerne auf diesem Wege unsere besten Genesungswünsche übermitteln und hoffen, dass sich Ihr Gesundheitszustand zwischenzeitlich verbessert hat. Gleichzeitig ...

(für Fälle mit häufigen Kurzzeiterkrankungen):

aufgrund Ihrer häufigen Erkrankungen in den letzten 12 Monaten machen wir uns Sorge über Ihre gesundheitliche Situation und möchten gerne zur Verbesserung Ihrer Gesundheit beitragen. Dazu ...

bieten wir Ihnen im Rahmen unserer Fürsorgepflicht sowie mit Blick auf den § 84 Abs. 2 SGB IX [in Verbindung mit unserer Betriebsvereinbarung vom ...] ein betriebliches Eingliederungs-management (BEM) an. Gemeinsam mit Ihnen möchten wir die Möglichkeiten erörtern, wie Ihre Arbeitsfähigkeit möglichst wieder-hergestellt oder verbessert und gegebenenfalls mit welchen Leistungen oder Hilfen einer erneuten Arbeitsunfähigkeit vorgebeugt werden kann. Dem beiliegenden Informationsschreiben können Sie erste Informationen über das BEM entnehmen.

Als Anlage finden Sie ein Rückmeldeformular, auf dem Sie Ihr Einverständnis oder Ihre Ablehnung erklären können. Mit Ihrem Einverständnis zu einem unverbindlichen persönlichen Informa-tionsgespräch über das BEM und Ihre Fragen dazu verschaffen Sie sich die Basis für Ihre freie Entscheidung.

Bitte senden Sie uns dieses Formular ausgefüllt und unterschrie-ben zurück. Im Falle Ihres Einverständnisses wird sich das von Ihnen benannte Mitglied des BEM-Teams mit Ihnen zu einem Gespräch in Verbindung setzen.

Mit freundlichen Grüßen

ERKLÄRUNG

Name: _____ Personalnummer: _____

Im Rahmen des betrieblichen Eingliederungsmanagements gemäß § 84 Abs. 2 SGB IX wurde mir vom Arbeitgeber ein Gespräch angeboten. Es liege ihm daran, mich vor meiner Entscheidung ausführlich zu informieren über Ziele und Verfahren des BEM, rechtlichen Hintergrund und Datenschutz sowie meine persönlichen Fragen zum BEM zu beantworten.

☐ Dieses Gesprächsangebot zur Information über das BEM nehme ich an.

    Das Gespräch wünsche ich mit folgendem Mitglied des BEM-Teams zu führen:
    ☐ Herrn/Frau ... (BEM-KoordinatorIn), Tel. ...
    ☐ Herrn ... (Mitglied der Personalabteilung), Tel. ...
    ☐ Frau ... (Mitglied der Personalabteilung), Tel. ...
    ☐ Herrn ... (BR-Mitglied), Tel. ...
    ☐ Frau ... (BR-Mitglied), Tel. ...
    ☐ Herrn ... (Schwerbehindertenvertrauensperson), Tel. ...
    ☐ Frau ... (stv. Schwerbehindertenvertrauensperson), Tel. ...
    ☐ keine Präferenz / keinen bestimmten Wunschgesprächspartner

☐ Ich wünsche kein betriebliches Eingliederungsmanagement und verzichte auch auf das Informationsgespräch.

Zutreffendes bitte ankreuzen.

Datum _____ Unterschrift _____

Bitte senden Sie diese Erklärung mit dem dafür vorgesehenen Freiumschlag in jedem Fall zurück.

Vielen Dank!

48

Das Erstgespräch: Informieren und zu kompetenter Entscheidung befähigen

Das *Erstgespräch* erfolgt auf der Basis der *Vor*entscheidung des Klienten für das BEM, die auf dem Antwortformular rückgemeldet wurde. Darauf hat er wahrscheinlich auch die Wahl des bevorzugten Gesprächspartners getroffen. Er weiß, dass dieses Gespräch unverbindlich ist, und er wird sich einige kritische Fragen zurechtlegen, wahrscheinlich solche, die in der Belegschaft kursieren und die Berater immer wieder zu hören bekommen. Je nachdem, wie das Gespräch ausfällt, wird er sich entscheiden. Gleichzeitig kann er sich auch schon einen Eindruck verschaffen, wie der Berater mit ihm umgeht.

Gesprächsmethodisch empfehle ich dem Berater, nicht in einem langen Monolog das ganze Thema BEM Punkt für Punkt nach Liste abarbeiten zu wollen. Besser ist es, in einem offenen Gespräch an die Aufgabe heranzugehen. Das geht am einfachsten mit einer Einstiegsfrage, wie:

> *„Welche Punkte sind Ihnen unklar oder für Ihre Entscheidung besonders wichtig?"*

oder noch offener:

> *„Was ging Ihnen so durch den Kopf, als Sie die Einladung zum BEM gelesen hatten?"*

Daraus entwickelt sich ein lockeres Gespräch und berücksichtigt wie von selbst vorrangig jene Punkte, die den Klienten besonders beschäftigen. Die Checkliste auf dem Tisch garantiert, dass am Ende alle wesentlichen Punkte angesprochen sind. Bei allen unterschiedlichen Gesprächsverläufen und Schwerpunktbildungen ist mittels dieser Vorlage ein Informationsstandard garantiert, an dem sich alle Berater orientieren.

Ein weiterer Vorteil: Die Gefahr, dass das Infogespräch unversehens in die Fallbearbeitung übergeht, weil der Klient bereits sein Problem ins Spiel bringt, verringert sich, da das Blatt auf dem Tisch eine disziplinierende Wirkung auf das Gespräch ausübt. Der Klient darf in seine Geschichte abschweifen und der Berater hat ihn nicht zu reglementieren. Er lässt ihn reden, hört aufmerksam zu, spiegelt auch besondere Gefühlslagen oder Erfahrungen, jedoch *ohne nachzuhaken*. Er steigt also nicht in die persönliche Krankheitsgeschichte ein, sondern kehrt zum Informationsauftrag zurück mit einer sanften Wendung, zum Beispiel wie:

„Ja, das kann ich mir vorstellen, dass Sie das schwer belastet (hat). Falls wir mit dem BEM starten, werden wir später bestimmt darauf wieder zurückkommen. Doch zunächst muss ich noch ein paar wichtige Punkte loswerden, damit Sie eine wirklich klare Vorstellung haben, was im BEM auf Sie zukommt, falls Sie sich dafür entscheiden. Haben Sie zu dem letzten Punkt, über den wir gesprochen haben, noch eine Frage? ..."

Vom Informationsgespräch zur Fallbearbeitung

Vorrangig geht es im Erstgespräch um den Kompetenztransfer, der den Klienten zu einer rationalen Entscheidung befähigen soll. Zu dieser Entscheidung ist dem Klienten genügend Zeit zu lassen. Entscheidet er sich jedoch gleich an Ort und Stelle für das BEM und ist noch genügend Zeit (mindestens eine halbe Stunde) in der Sitzung, kann der Einstieg in die Fallbearbeitung an das Infogespräch anschließen.

Bedenkzeit anbieten

So praktisch dieser fast nahtlose Übergang für den Berater sein mag, er sollte ihn sich nicht zum Ziel setzen. Besser ist es, er schließt das Infogespräch mit dem Hinweis ab, dass der Klient sich ruhig für seine Entscheidung Bedenkzeit nehmen solle. Aber bitte nicht mit einer Frage wie:

„Wollen Sie nun, dass wir uns gleich mit Ihrer Situation beschäftigen oder brauchen Sie noch Bedenkzeit?"

Solche Alternativfragen wirken manipulativ und erzeugen unnötigen Druck. Und sie riskieren im Face-to-Face-Kontakt eine situationsbedingte Fehlentscheidung. Dagegen entlastet das „kunden"-freundliche Angebot der Bedenkzeit die Entscheidungssituation:

„Sie haben jetzt sehr viel über das BEM gehört und wollen sich diese Informationen sicher erst in Ruhe durch den Kopf gehen lassen, bevor Sie sich entscheiden. Lassen Sie sich ruhig Zeit dafür. Das BEM-Infoblatt gebe ich Ihnen mit als Erinnerungsstütze. Worum ich Sie noch bitte, ist Ihre Unterschrift unter mein Exemplar [des Infoblatts]. Damit bestätigen Sie, dass wir diese Punkte alle besprochen haben."[22]

---

[22] Aus guten Gründen – nicht zuletzt aus dem rechtlichen, notfalls vor Gericht die geforderte Belehrung des Klienten nachweisen zu können – sollte sich der Arbeitgeber

und erleichtert es dem Klienten, falls die Chemie zwischen ihm und dem Berater nicht gestimmt haben sollte, sich von *diesem* wieder zu trennen. (Eine diesbezügliche Rückmeldung könnte er dann dem BEM-Team bzw. der Personalabteilung geben und ggf. auch einen anderen aus dem Beraterpool anfragen.[23])

Der Berater kann es dem Klienten überlassen, wann er sich meldet, um seine Entscheidung mitzuteilen und ggf. dann die (erste) Sitzung zur Fallbearbeitung (❹) zu vereinbaren. Oder der Berater behält die Initiative für die Rückmeldung, indem er mit dem Klienten eine Bedenkfrist vereinbart, innerhalb derer der Klient seine Entscheidung jederzeit rückmelden bzw. an deren Ende er mit der Nachfrage seitens des Beraters rechnen könne. Die Vereinbarung einer Bedenkzeit und Terminierung der Entscheidung sollten ausdrücklich mit dem Hinweis verknüpft werden, dass ein Ja zum BEM dem Klienten nicht das Recht nehme, das BEM jederzeit abzubrechen. Nimmt er die Bedenkzeit in Anspruch, endet die Sitzung hier.

Einstieg in die Fallbearbeitung

Lehnt er das Bedenkzeitangebot ab und wird gar ungeduldig:
„Wie lange dauert es denn noch, bis wir endlich zu meinem Problem kommen?"
kann der Berater davon ausgehen, dass die Vertrauensbasis trägt, und Berater und Klient zur Fallbearbeitung übergehen können. Berater:
„Sie sind also mit dem BEM einverstanden – okay, dann können wir uns gerne gleich an die eigentliche Arbeit machen. Doch zuvor bitte ich Sie noch, mit Ihrer Unterschrift zu bestätigen, dass wir diese Punkte hier [auf dem Infoblatt] *besprochen haben."*

In einfachen oder eiligen Fällen *kann* sich also im Erstgespräch die Fallbearbeitung an das Infogespräch anschließen. Der Berater sollte allerdings auf keinen Fall, um Zeit zu sparen, sich für diese erste

---

die stattgefundene Aufklärung über das BEM vom Klienten bescheinigen lassen. Und der Berater seinerseits könnte dem Arbeitgeber damit belegen, der rechtlich gebotenen Informationspflicht nachgekommen zu sein. Hilfreich ist ein standardisiertes Informationsblatt, auf dem alle wesentlichen Punkte in Kurzfassung versammelt sind und das dem Berater im Gespräch als Checkliste zum Abhaken dienen kann. Am Ende des Blattes befindet sich eine Zeile für die Unterschrift des Klienten, mit der er die Informationsvermittlung bestätigt. Das Ganze in Kopie für den Klienten (auch zum Nachlesen). Mit der Unterschrift des Klienten wird das Infogespräch abgeschlossen.

[23] Der Klient kann nicht nur jederzeit das BEM canceln, er kann auch die „Pferde wechseln".

Sitzung zu viel vornehmen. Es ist generell davon auszugehen, dass das BEM für den Betroffenen psychisch anstrengender, belastender ist als für den Berater, umso mehr, wenn jener krankheitsbedingt angeschlagen ist.

Die Fallbearbeitung – das Hauptstück der BEM-Beratung

Fallklärung und **Maßnahmenplanung** können mehrere Sitzungen erforderlich machen. Dies wird sich vor allem dann ergeben, wenn Vorschläge auf Realisierbarkeit zu prüfen sind, wenn betriebsexterne (v. a. familiäre) Belastungsfaktoren hereinspielen und mit zu berücksichtigen sind oder wenn zu einem Folgegespräch interne oder externe Experten (Arbeitssicherheitsfachkraft, Vorgesetzter, Betriebsarzt, Rehaträger, Integrationsamt, Integrationsfachdienst, Arbeitsagentur ...) hinzugezogen werden sollen. Die Fallbearbeitung, die in die Planung geeigneter Maßnahmen führt, kann also in wechselnden Settings stattfinden, von der Zweier-Sitzung, Klient und Berater, bis hin zu mehrköpfigen Teamsitzungen am Runden Tisch. In der erweiterten Runde wird der persönliche Berater zum „Fallmanager", der den roten Faden in der Hand behält und für eine im Sinne des Klienten zielorientierte „Projektarbeit" sorgt; sogar die Sitzungsleitung kann ihm übertragen werden. Oder er nimmt die Rolle des „Paten" ein. An der Seite des Klienten wacht er darüber, dass der Klient nicht vor der „Übermacht" der Profis einknickt und dass seine Bedürfnisse Gehör und ernst gemeinte Berücksichtigung finden.

Fallklärung, Lösungssuche und -entscheidung, woran die Maßnahmenplanung anschließt, sind das Herzstück des Beratungsprozesses. Ob er, wie in vielen anderen Beratungsvorgängen, durchgängig im Zweier-Setting abläuft oder, wie in BEM-Verfahren, Sitzungen zu zweit mit solchen im Team abwechseln können, die Grundstruktur der Beratung, das 3-Phasen-Schema, bleibt dieselbe (s. Abb. 3, linke Spalte). Der Prozess zielt auf die Handlungsebene: die Umsetzung der Maßnahmenplanung. Sie wird flankiert von einem Monitoring, das bei Bedarf wiederum Beratung erforderlich machen kann.

In der folgenden Beschreibung dieser Struktur greife ich auf bekannte Begriffe aus der ärztlichen Beratung zurück: *„Anamnese"*, *„Diagnose"*, *„Therapie"*. Diese drei Begriffe sollen helfen, die 5 Prozessschritte zu veranschaulichen (Abb. 3, rechte Spalte). Um nicht missverstanden zu werden: Im BEM finden außerhalb des Arztgesprächs keine medizinische Anamnese, Diagnostik und Therapieberatung statt. Diese (grobe) Dreigliederung ärztlicher Beratung und Behandlung dient uns also nur als begriffliche Analogie, mit der ich einem streng strukturierten Vorgehen auch in der nicht-ärztlichen (Sozial-)Beratung leichter zu Akzeptanz verhelfen will.

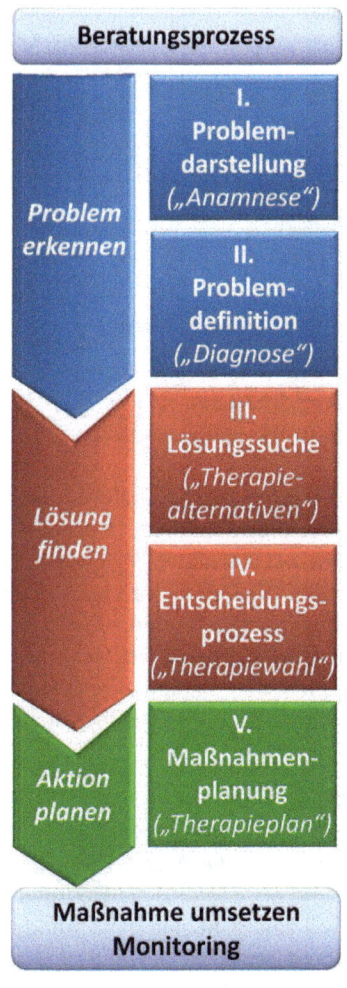

Abb. 3: Phasen und Schritte des Beratungsprozesses

Von der „Anamnese" zum „Therapieplan".
Der Beratungsprozesses in fünf Schritten

Begleiten und Leiten – person- und zielorientierte Beratung

In der Haltung des „Begleitens" (Nähe-Haltung) ist der Berater *eng an der Seite* des Klienten.	In der Haltung des „Leitens" (Distanz-Haltung) tritt der Berater dem Klienten *gegenüber*.
Der Berater ist ... • auf die Person des Klienten gerichtet, nicht aufs Ziel • offen, aufmerksam, empathisch • ohne Vorbehalte, fragt nach, widerspricht ihm nicht • geduldig, übt keinen Druck aus • bemüht, ihn so zu verstehen, wie er sich und sein Problem selber sieht • Partner, bevormundet ihn nicht	Der Berater ... • sortiert und definiert das Problem des Klienten aus fachlicher Sicht • stellt weitere Fragen, auch kritische • zeigt ihm realistische Wege zur Lösung auf (Zielorientierung) und • konfrontiert ihn ehrlich mit den Konsequenzen für ihn • beteiligt ihn an allen Schritten, auch an der Aktionsplanung

VERTRAUEN und SICHERHEIT

Begleiten und Leiten, Nähe und Distanz. Es sind diese beiden Grundhaltungen, die der Berater in den Beratungsprozess mit seiner Persönlichkeit plus seiner fachlichen Kompetenz einbringt. Sie beide, im Wechsel, befördern die Dynamik zielorientierter Beratung, ohne Gefahr zu laufen, entweder den Klienten oder das Ziel aus den Augen zu verlieren. Diese Balance zwischen Mensch und Ziel, zwischen Nähe und Distanz, zwischen Begleiten und Leiten ist besonders in BEM-Prozessen so unabdingbar wie schwierig.

Zum einen handelt es sich um den hochsensiblen Bereich der persönlichen Gesundheit mit allem, was sich mit ihr in den individuellen Krankheitsgeschichten an Erfahrungen, Gefühlen und Belastungen verbindet, zum anderen um die Arbeits- und Leistungsfähigkeit, deren ernste Gefährdung als existenzielle Bedrohung wahrgenommen wird. Genau dafür will das BEM eine bewahrende Lösung erreichen. Doch wie Gesundheit oft auch nur mittels eines schmerzhaften medizinischen Eingriffs wiederherzustellen ist, so konfrontiert das BEM-Verfahren den Betroffenen mit der Erfahrung, dass die Krankheitsgeschichte nun auch eine existenzielle Dimension annimmt, eine Erfahrung, die so fürsorglich sie auch gemeint sein mag, sich dennoch höchst beunruhigend anfühlt.

Vorberatung im Zweiergespräch

Das BEM-Verfahren ist – verglichen mit den früheren Krankenrückkehrgesprächen – aufwendig. An der Frage, wie das Problem der effektiven Anpassung des Arbeitsplatzes an die individuelle gesundheitliche Situation gelöst werden könne, sind mehrere beteiligt. Die Zielfrage ist zwar Teil der Beratung, aber spätestens, wenn es um die Entscheidung über die einzusetzenden Maßnahmen geht, sind die Entscheidungsträger des BEM-Teams, unter Einbindung externer Expertise (Betriebsarzt, Reha-Träger), einzubeziehen. Diese Erweiterung des Beratungs- und Entscheidungsprozesses wirkt sich auf die Gespräche im Zweier- oder Dreier-Setting aus. Sie werden zu *„Vorberatungen"*. Je kompetenter sie geführt werden, desto effektiver werden sie Einfluss auf die Maßnahmenplanung im Team nehmen.

Vielleicht empfindet sich mancher Fallbegleiter in den persönlichen Beratungsgesprächen mit seinen Klienten unter Druck. Seine Beratung gerät zur Zuarbeit in den individuellen BEM-„Projekten", die das Team auf den Weg bringt. Diesem Druck *nicht* nachzugeben und die Beratung *nicht* ihrer Zielfunktion unterzuordnen, fällt vermutlich vor allem ungeübten Beratern nicht leicht. Unter diesen Umständen ist es hilfreich, den Beratungsgesprächen eine Struktur zu geben, um die Balance zwischen den Bedürfnissen der Person und dem Sachziel nicht zu gefährden und beiden Erwartungen gerecht zu werden. Wie stellt sich diese Struktur dar?

In dem hier skizzierten Modell gliedert sie sich in fünf Schritte, die im Folgenden vorgestellt werden. Die Frage nach der Rolle des Teams und wann es in diesem Prozess ins Spiel kommt, stellt sich nicht vor den Schritten IV und V.

Schritte I und II:
Problemdarstellung des Klienten und
Problemdefinition des Beraters

Wie der (gute) Arzt nicht die Therapie eines neuen Patienten beginnt – Ausnahme: im akuten Notfall –, bevor er nicht eine sorgfältige Anamnese durchgeführt hat, inklusive Laboruntersuchungen, Röntgenaufnahmen usw., so sollte auch der (betriebliche) Berater sich nicht mit wenigen Informationen „abspeisen" lassen, sondern sich ein klares, möglichst umfassendes Bild von der jeweiligen Problemlage machen. Eine gute Anamnese benötigt Zeit (und Geduld). Diese Zeit muss sich der Berater nehmen und er muss sie auch dem Klienten lassen, gegebenenfalls sogar abverlangen, wenn er ungeduldig sofort eine Lösung erwartet.

Problem erkennen.
Vom ganzheitlichen Erleben zur Faktorenanalyse

In Schritt I, Problemdarstellung *(„Anamnese"),* ist der Klient der Hauptakteur. Er schildert die subjektive Sicht seiner Situation, wie er sie erlebt hat. Seine Krankheitsgeschichte, seine Arbeitsplatzsituation, außerbetriebliche Belastungsfaktoren, soweit er von sich aus davon spricht, all dem ist in einem offenen Gespräch Raum zu geben. Der Berater hört aufmerksam zu, fragt nach, macht sich Notizen.

In Schritt II, Problemdefinition *(„Diagnose"),* übernimmt der Berater die aktive Rolle. Er fasst zusammen, sortiert und versucht eine erste Sichtung der Faktoren, die zu den hohen Fehlzeiten geführt haben könnten. Dabei ist der Blick noch nicht auf das Betriebliche reduziert. Im Gegenteil: Außerbetriebliche Faktoren sind mit einzubeziehen, selbst wenn sie später nicht Gegenstand der betrieblichen Maßnahme sein können.

Zu Beginn unserer Beschäftigung mit Beratung im BEM habe ich auf die „komplexe Belastungssituation" von Klienten (siehe S. 12 f.) hingewiesen. In sie fließen diverse Faktoren aus den Bereichen Gesundheit, Arbeit und Umfeld (Familie, Wohnen, Finanzen usw.) ein, die sich gegenseitig verstärken können. Wer einen schweren Rucksack trägt, fühlt sich von der Gesamtlast auf seinen Schultern erdrückt und ist oft kaum noch imstande, die Gesamtlast als eine Summe von Teillasten unterschiedlicher Herkunft zu begreifen. Er erlebt seine Situation quasi „ganzheitlich". In dieser Lage benötigt er nicht Hilfe, die ihm die Last abnimmt, sondern die ihn befähigt, den Rucksack zu öffnen und die Belastungsfaktoren zu entflechten und zu sortieren. Daraus lassen sich, soweit im Rahmen eines BEM möglich, Lösungsansätze entwickeln, in denen die Komplexität der Gesamtlast erkennbar Berücksichtigung finden.

Beispiel:
Eine Mitarbeiterin hat seit Jahren Bandscheibenprobleme und ist deswegen in ständiger Behandlung. Ihre zunehmenden Fehlzeiten und ein längerer Krankenhausaufenthalt führten schließlich zum Angebot des BEM. Nach ärztlichem wie betriebsärztlichem Befund wird davon abgeraten, sie bestimmte Tätigkeiten weiterhin in der gewohnten Weise ausführen zu lassen. Recht schnell findet sich eine praktikable Lösung, ihren Arbeitsplatz technisch so einzurichten, dass die Bewegungseinschränkung kompensiert werden kann. Alle Beteiligten sind mit der Lösung zufrieden, auch die Klientin selber, und anfangs scheint die Maßnahme auch den erwünschten Effekt zu erzeugen. Doch schon gegen Ende der Testphase verschlechtert sich die Situation erneut. Die Schmerzen und die Fehlzeiten nehmen rasch wieder zu. Da erinnert sich die Beraterin in einer Sitzung des BEM-Teams, in der die neue Lage beraten werden soll, dass die Klientin mal von ihrer pflegebedürftigen Mutter erzählt habe, der sie täglich aus dem Bett in den Rollstuhl helfen müsse, um sie in die Tagespflege zu bringen. Dasselbe nach der Arbeit wieder, vom Rollstuhl zurück ins Bett. Und dass sie das kaum noch schaffe. Schnell wird der Runde klar, dass man mit der Arbeitsplatzmaßnahme zwar das Richtige getan, aber dennoch zu kurz gegriffen habe. Es werde zu prüfen sein, ob es entsprechende Hilfe, personell und/oder finanziell, gebe, die auch für die häusliche Entlastung sorgen könne. Diese Lösung müsse zwar nicht der Betrieb erbringen, aber er könne sie anstoßen. Nur so könne die Arbeitsplatzmaßnahme nachhaltig Erfolg haben.

Vom ganzheitlichen Erleben zur Faktorenanalyse – so lassen sich die ersten beiden Schritte der Phase I des Beratungsprozesses: „Problem erkennen" (vgl. Abb. 3, S. 53), überschreiben.[24] Beide, Berater und

---

[24] Die erweiterte Perspektive, die hier für das BEM-Konzept vertreten wird, ist inspiriert vom „Haus der Arbeitsfähigkeit", einem praxisorientierten Ansatz zur ganzheitlichen Gestaltung der Arbeitswelt. Er geht auf den finnischen Arbeitswissenschaftler Juhani Ilmarinen zurück und hat sich mittlerweile in Deutschland gut etabliert. Siehe *Die Arbeit muss sich dem Menschen anpassen – nicht umgekehrt* (www.finnland.de/public/download.aspx?ID=27713&GUID =%7B9ee236b2-d0ec-40c8-a879-5e0e46c5a28a%7D).

Klient, gehen sie gemeinsam. In Schritt 1 schildert der Klient seine Situation, frei aus seinem subjektiven Erleben heraus. Der Berater unterstützt diese Rede in der Haltung der Nähe (Akzeptanz, Empathie). Er will in erster Linie verstehen: die Sachlage *und* die Person. Das, was er hört, wertet er nicht nach den Kriterien richtig und falsch. Seine Gesprächsführung ist *„nicht-direktiv"* (Aktives Zuhören, Spiegeln, Nach-Fragen, Zusammenfassen).[25]

Wie fragt man nach außerbetrieblichen Belastungsfaktoren?

Der Versuch des Beraters, die Informationen des Klienten einigermaßen sortiert zusammenzufassen, führt zu einer ersten geordneten Differenzierung der Situation nach Faktoren und Bereichen der Belastung. Diese Sicht ist nicht auf den betrieblichen Bereich beschränkt. Eine solche erste Problemlandkarte, die ihm die Zusammenfassung des Beraters präsentiert, enthält noch viele weiße Stellen. Sie animieren den Klienten, weitere Details nachzutragen, bemüht, ja so verstanden zu werden, wie *er* die Dinge sieht. *Seine* Sicht in Frage stellen oder kritisieren zu wollen, wäre kontraproduktiv. Es würde den Klienten in eine Rechtfertigungshaltung zwingen, in der die Ehrlichkeit auf der Strecke bliebe und Misstrauen gegenüber dem Berater erzeugte.

Belastungssituationen sind selten ausschließlich gesundheitlicher oder ausschließlich betrieblicher Natur. In ihnen können die Probleme am Arbeitsplatz auf vielfältige Weise mit denen des außerbetrieblichen Umfelds verzahnt sein. Die Vermutung solcher Zusammenhänge darf den Berater nicht verleiten, gezielt und direkt nach Belastungsfaktoren in der Familie zu fragen:

„Wir haben jetzt die Probleme am Arbeitsplatz diskutiert. Gibt es außerdem noch andere Schwierigkeiten, die Sie belasten, zum Beispiel im familiären Bereich?"

Diese und ähnliche Fragen verbieten sich von selbst. Sie gehören in die Kategorie „Verhör" und nicht in die Beratung. Wie verschafft sich der Berater nun aber einen ganzheitlichen Blick auf jenes Problempanorama, wenn der Klient nicht schon von sich aus davon spricht?

Menschen sind sehr unterschiedlich in ihrer Art, über sich zu reden. Die einen berichten eher spontan und assoziativ. Gesundheitliche und

---

[25]   Zu den Instrumenten der „nicht-direktiven" Gesprächsführung s. Waltner P., *Kollegen und Mitarbeiter professionell beraten,* Kap. 4.1.

medizinische Informationen mischen sich mit familiären Episoden und Konflikterfahrungen im Betrieb. Andere erzählen eher strukturiert und beschränken sich auf die gesundheitlichen Belastungen am Arbeitsplatz. Sie gehen davon aus, dass im Betrieb (und im BEM) ja nichts anderes gefragt sei, oder sind der Meinung, dass den Betrieb ihr Privatleben nichts angehe. Dieses Bedürfnis nach strikter Trennung von Betrieb und Privatleben ist sehr gut nachvollziehbar und wahrscheinlich weit verbreitet. Es ist selbstverständlich zu respektieren. Dennoch gibt es eine Möglichkeit, an die private Tür zu klopfen.

Beispiel:

Ein Klient bringt seine gesundheitliche Situation (und häufigen AU-Zeiten) mit Konflikterfahrungen am Arbeitsplatz in Zusammenhang, die er als Mobbing empfindet. Nach der ausführlichen Schilderung, vom Berater unterstützt durch Aktives Zuhören und Nachfragen, versucht dieser, das Gehörte zusammenzufassen. Er will überprüfen, ob er das gesamte Belastungsszenario richtig verstanden habe. Dabei spiegelt er dem Klienten seinen Eindruck, dass er sehr darunter leide, und knüpft daran folgende Vermutung:

„Wie Sie das so geschildert haben, kann ich mit gut vorstellen, dass das Problem Sie auch noch zu Hause verfolgt und Ihre Familie mitbelastet."

Er äußert nur eine – naheliegende – Vermutung, aber keine Frage! Der Klient hört den Impulsgedanken; es bleibt ihm überlassen, darauf einzugehen oder nicht. Er kann ihn ignorieren, kann ihn knapp bestätigen: *„Ja, da haben Sie wohl recht!"*, oder darauf eingehen:

„Ja, meine Frau kann es schon nicht mehr hören. Sie hat in ihrer Arbeit auch Dauerärger mit ihrem Chef. Ich fress' es jetzt halt in mich hinein. Nachts liege ich oft stundenlang wach und meine Gedanken fahren Karussell."

Berater: *„Sie haben also niemanden, mit dem Sie darüber sprechen können?"*

Klient: *„Nee. Ich nehm' halt Pillen, wenn ich gar nicht mehr weiter weiß."*

Berater: *„Das heißt, dass Sie auch nach der Arbeit so gut wie keine Erholung finden und auch schlecht schlafen."*

Klient: *„Ja, genau, das alles macht mich krank!"*

Der Berater fasst die Problemlage zusammen

Die Problemschilderung des Klienten beschließt der Berater mit seinem *Versuch,* in einem Überblick die Gesamtproblematik, wie sie sich ihm bisher vermittelt hat, nach Problembereichen und -faktoren sortiert darzustellen, und bittet den Klienten, dazu Stellung zu nehmen. Meist fällt diesem dann ergänzend noch das Eine oder Andere dazu ein, wodurch manchmal die Dinge wiederum in einem etwas anderen Licht erscheinen. Die Bestätigung der (nachgebesserten) Darstellung sichert die Basis für die weitere gemeinsame Arbeit. Die Verständigung über das Problem bewirkt den Schulterschluss zwischen Berater und Klient.

Methodisch sind die beiden ersten Schritte gesondert zu behandeln. Damit soll gesichert werden, dass die Problemdarstellung wirklich der Hauptpart des Klienten ist und der Berater ihn allenfalls durch vertiefendes (aktives) Zuhören und *Nach*-Fragen darin unterstützt. Mit der Verarbeitung des Gehörten wartet der Berater, bis der Klient seine Darstellung abgeschlossen hat. Sein Part ist die Wiedergabe der aufgenommenen Informationen, nun sortiert nach Aspekten (Gesundheit/Krankheit, Betrieb/Arbeit, Familie/Erholung, psychische Befindlichkeit), um klare Linien durchs gefühlte Chaos zu ziehen, an denen entlang die weiteren Schritte gegangen werden können.

Fokussierung auf Arbeitsplatz und Gesundheit

Dieser „Befund" führt dann zur „Diagnose", dem II. Schritt, der nun den Fokus auf den Zielbereich des BEM richtet: das Zusammenwirken von Arbeitsbedingungen und gesundheitlicher Verfassung. Dabei werden die Belastungsfaktoren identifiziert. Bei dieser ersten arbeitsplatzbezogenen Problemanalyse wird der Berater immer wieder rückfragen, da sich natürlich jetzt detailliertere Fragen stellen als zuvor. Der Klient seinerseits ist sehr gespannt, wie sich aus der Beratersicht seine Lage darstellt, und bedient den Berater gerne mit weiteren Informationen.

Jetzt, an dieser Stelle und nicht früher, können nun arbeitsplatzbezogene Analyseinstrumente zum Einsatz kommen, wie z. B. der Arbeitsfähigkeitsindex (Work Ability Index WAI)[26] in seiner Kurzversion, die

---

[26]   Der Fragebogen zur subjektiven Einschätzung der Arbeitsfähigkeit wurde in den 1980er Jahren von Forschern am Finnish Institute of Occupational Health (FIOH) um Prof. Juhani Ilmarinen entwickelt. Dort entstand auch das Konzept „Haus der Arbeitsfähigkeit". Beide Konzepte sind seit Langem in vielen Ländern weltweit fest etabliert, in Deutschland u. a.

auch von Laienberatern genutzt werden kann. Der WAI als vertiefendes Tool lässt sich gut an die freie, subjektive Schilderung des Klienten und der strukturierenden Zusammenfassung des Beraters anschließen. Auch das Tool bleibt im subjektiven Raum der Problemeinschätzung des Klienten. Allerdings fokussiert es sich auf die Arbeitsplatzsituation und es ist ein standardisiertes Verfahren, dessen Ergebnisse sich auf wissenschaftlicher Basis bewerten lassen und vergleichen[27] lassen.

Warum nicht gleich damit beginnen? Könnte man sich dann nicht die ganze „Märchenstunde" sparen?

Nein! Gleich zu Beginn eingesetzte Fragebogen würden den Blick *zu früh* auf den Arbeitsplatz verengen. Die wichtigen Interaktionsprozesse zwischen betrieblicher/arbeitsplatzbezogener und außerbetrieblicher (insbesondere Familie, Hausbau, Schuldendruck usw.) Belastungsfaktoren entgingen der „Problem-Anamnese". Der zweite Punkt: Die Anfangssituation einer Beratung hat eine starke Prägewirkung auf die Beziehung und die Kommunikation zwischen Klient und Berater. Fragebogen haftet immer eine Machthaltigkeit an, die für den Klienten etwas Undurchschaubares und Manipulatives hat und ihn in eine Objektrolle versetzt. Ich könnte mir auch vorstellen, dass man den Fragebogen gar nicht in der Sitzung ausfüllt, sondern dem Klienten Zweck und Handling des Tools erklärt und ihn bittet, es bis zur nächsten Sitzung auszufüllen.

„Diagnose" zwischen Empathie und rationaler Distanz

Unter dem *Beziehungsaspekt* sind diese ersten beiden Schritte jedoch eine Einheit. Berater und Klient bewegen sich gemeinsam im Erfahrungsraum des Klienten. Auch der erste „diagnostische" Versuch des Beraters, das Gehörte geordnet und sortiert wiederzugeben, behält noch etwas von der empathischen Wärme, die beim

---

in der Bundesanstalt für Arbeitsschutz und Arbeitsmedizin (BAUA), DGB („Neue Wege im BEM"). Der **WAI** wird auch als Ergänzungstool zu den Gefährdungsanalysefragebogen genutzt. Zur Information empfehle ich die Broschüre der Bundesanstalt für Arbeitsschutz und Arbeitsmedizin (BAUA): *Why WAI? Der Work Ability Index im Einsatz für Arbeitsfähigkeit und Prävention. – Erfahrungsberichte aus der Praxis* (Download: www.baua.de/cae/servlet/contentblob/697346/publicationFile/55639/A51.pdf; Download des WAI-Fragebogens (Kurzversion) mit Auswertungsanleitung: www.arbeitsfaehigkeit.uni-wuppertal.de/picture/upload/file/WAI-Kurzversion_mit%20Auswertung_2015.pdf)

[27] So kann der Fragebogen zu Beginn und zum Ende des BEM-Verfahrens ausgefüllt und ausgewertet werden. Das Profil der Veränderungen ist ein wichtiger Indikator für die abschließende Evaluation des BEM-Verfahrens.

einfühlenden Zuhören zwischen den beiden entstanden ist. Die Distanz nimmt erst zu, wenn der Berater danach den Lichtkegel auf den betrieblichen Aspekt richtet (z. B. mittels des WAI-Fragebogens) und die darin zutage tretende Problematik aus Beratersicht klar und rational beschreibt. Dabei kommt es nicht auf objektive Sicherheit der Analyse an, sondern dass *beide*, Berater *und* Klient, die zwei Zugänge zum Problem aktiv benutzen: den empathisch-ganzheitlichen und den rational-analytischen.

Achtung: Für Lösungsansätze ist es noch zu früh! Noch hat der Berater keine weiteren Informationen als die des Klienten. Zusätzliche Informationen einzuholen, sei es aus der Personalakte, sei es durch Gespräche, etwa mit Vorgesetzten oder mit dem Betriebsarzt, ist ohnehin nur mit seinem ausdrücklichen Einverständnis bzw. seiner Beteiligung erlaubt. Ich warne auch davor, sich schon im Vorfeld über den Klienten und die Verhältnisse in seiner Abteilung zu informieren. Denn dann ist der Kopf nicht mehr frei, das Herz nicht mehr offen für die subjektive Sicht des Klienten auf *seine* Wirklichkeit. Sobald er spürt, dass der Berater seiner Schilderung misstraut, fällt er in eine Schutz- und Rechtfertigungshaltung und das Vertrauen nimmt Schaden.

Der Versuch einer vorläufigen „Diagnose" legt noch einige weiße Flecken auf der Problemlandkarte offen, Fragen, die in der Darstellung des Klienten keine Antwort finden. Sie erscheinen aber wichtig, um die Situation fachlich richtig einschätzen zu können. Hier sind dann die oben erwähnten zusätzlichen Informationen – mit Erlaubnis und erwünschter persönlicher Beteiligung des Klienten – von dritter Seite einzuholen.

Türe öffnen zur Lösungssuche

Zum Schluss der ersten beiden Schritte in der Fallbearbeitung kann man, im Vorgriff auf den dritten, die Lösungssuche, noch den Klienten fragen, was er sich selbst als Lösung vorstellen könnte bzw. sich wünschen würde, was er hilfreich fände, vielleicht auch, was er auf keinen Fall möchte. Dies bietet sich vor allem an, wenn der Klient wenig Neigung zeigt, an der BEM-Teamsitzung persönlich teilzunehmen. Was auch immer er sagt, die Statements sind an dieser Stelle noch nicht zu bewerten, noch nicht zu diskutieren. Der Berater hat im Gegenzug auch nichts zu versprechen und nichts abzulehnen oder als unrealistisch zu disqualifizieren. Er hat nur zur Kenntnis zu nehmen. Sich auf keinen Fall bereits auf die Glatteisfrage nach der *richtigen* oder der *möglichen* Maßnahme einlassen! Dies könnte als (vorschnelle) Festlegung gedeutet werden. Solche Themen sind Aufgabe des Teams und werden auf der Agenda seiner nächsten Sitzung stehen. Er soll sich nur schon Gedanken machen und ahnen, dass er sich an dieser Suche aktiv beteiligen muss.

Schritte III und IV: Erarbeitung von Lösungsideen und Wahlentscheidung

Suche nach geeigneter Problemlösung

In dem Dialog unseres Beispiels (oben S. 59) erfährt der Berater, dass es sich um eine längst über das Betriebliche hinaus ausgeweitete Belastungssituation handelt. Entlastung scheint es so gut wie nicht zu geben, weder sozial (Familie/Partnerschaft) noch psychisch (Gespräche), wahrscheinlich auch physisch (Sport, Entspannung) nicht. Medikamente – Suchtgefahr nicht auszuschließen – verschaffen ihm Luft, eine trügerische Entlastung. Die fehlende Balance von Be- und Entlastung droht chronisch zu werden. Eine lösungsorientierte Beratung wird daher einerseits den innerbetrieblichen Konflikt („Mobbingerfahrung") in Angriff nehmen müssen und andererseits herauszufinden versuchen, welche ausgleichenden Aktivitäten zur Gestaltung der Freizeit ihm zusagen würden. Solche Überlegungen könnten zu dem Auftrag an den Klienten führen, selbst geeignete Freizeitangebote am Wohnort und in der Umgebung ausfindig zu machen. (Der Berater kann ja mal gelegentlich nachfragen, was er schon gefunden habe ...) Die Einschaltung eines Arztes, um ggf. von den Medikamenten (und/oder Suchtmitteln) loszukommen, könnte zusätzlich in Erwägung gezogen werden.

Dieses Beispiel will zeigen, wie auch im Betrieb, im Rahmen des BEM, ganzheitlich beraten und lösungsorientiert vorgegangen werden kann. Den Fokus ausschließlich auf den Arbeitsplatz zu reduzieren, wird der Realität selten gerecht. Außerbetriebliche Aspekte einbeziehen heißt nicht, dass der Betrieb auch für außerbetriebliche Problemlösungen verantwortlich ist. Sie können aber sehr wohl in die Überlegungen miteinbezogen werden. Kompetente Berater haben dazu auch den einen oder anderen praktischen Tipp, an wen man sich wenden könnte. Doch ob der Klient ihn nutzt, bleibt ihm überlassen.

Berater, die in komplexen Fällen betrieblicher *und* außerbetrieblicher Belastungsfaktoren ihre Arbeit von Beginn der Fallbearbeitung an auf den Betrieb fokussieren, machen es solchen Klienten zu leicht. Nicht ungern sehen gerade sie ihr Problem als hauptsächlich arbeitsbedingt an.[28] Die reduzierte Sicht bringt ihre Problemverdrängung nicht in Gefahr und den BEM-Akteuren vereinfacht sie die mühsame (und manchmal auch unangenehme) Ursachenforschung und vermeidet die heikle Frage nach den (Schuld-)Anteilen der Klienten. Diese übernehmen den Fokus des Beraters und erwarten allein vom Betrieb die Lösung ihres Problems. So lässt sich die Aufgabe, dafür eine Lösung zu finden, allzu leicht an den Betrieb „delegieren":

„Darüber bestimmen ja eh die Fachleute und der Arbeitgeber. Was will ich da noch mitreden außer Jaja und Danke sagen?!"

Umso wichtiger ist es folglich, dass in der Beratung die größeren Zusammenhänge – dazu gehören auch die Eigenanteile des Klienten an seinem Problem – behutsam (!) aufgedeckt und in die Lösungsfrage miteinbezogen werden.

Ehrliche Beratung verweigert bei aller Empathie für den Klienten die „Komplizenschaft", wenn es um seine Tabus geht.

Die Suche nach geeigneten Maßnahmen zu einer *nachhaltigen* Problemlösung bezieht den Klienten also aktiv ein. Je mehr erkennbar wird, dass es auch eigene (außerbetriebliche) Anteile des Klienten an der Problemlage gibt, ohne dass er sich in die Defensive gedrängt fühlt, desto besser lässt er sich motivieren, an der Problemlösung mitzuwirken.

---

[28] Ein zu eng gestricktes BEM könnte dieser Einschätzung durchaus Vorschub leisten. Damit wären zunächst alle sehr zufrieden. Der Mühe mit der Komplexität des Lebens wäre man enthoben, man käme schnell zu einer Lösung, man könnte regeln, kaufen, Gelder organisieren usw., abhaken, der Nächste bitte." Erwiese sich dann die Problemlösung als nicht nachhaltig, läge der Spruch allzu nahe: „Man hat doch „alles" schon versucht ..."

Das Setting: Vier-Augen-Gespräch oder Teamsitzung?

Wer sich das Szenario der Lösungssuche und der Festsetzung von Maßnahmen realitätsnah vor Augen führt, wird der Empfehlung zustimmen, dass es klug ist, der Sitzung des BEM-Teams, mehr noch des erweiterten BEM-Teams (z. B. mit dem Vorgesetzten des Klienten, dem Betriebsarzt und dem Vertreter eines Reha-Trägers), eine Sitzung unter vier oder sechs Augen (Klient, persönlicher Berater und ggf. Betriebsarzt)[29] vorzuschalten. In dem intimeren Setting fällt es dem Klienten leichter, seine Vorstellungen zu äußern und bei den gemeinsamen Überlegungen mitzuwirken, sie in praktikable Maßnahmen weiterzuentwickeln. Diese Vorarbeit dient dann als Vorlage für die Diskussion in der Sitzung des BEM-Teams mit oder ohne Experten. Ob der Klient sein Konzept selber vorträgt oder von seinem Berater vortragen lässt, ist nicht mehr entscheidend. Es ist *sein* Konzept, das zur Diskussion steht. Und er fühlt sich in der Runde nicht allein, denn er weiß den Berater an seiner Seite, schließlich trägt das Konzept auch dessen Handschrift.

Es gibt kein Schema, wie die Maßnahmen zu erarbeiten sind. Zu unterschiedlich sind die Fälle und die Rahmenbedingungen. Ich erinnere an den eingangs vertretenen Gedanken, das BEM-Team als „Projekt-Team" (s. Seite 16 f) zu verstehen. Jedes Projekt gibt sich seine eigene Arbeitsorganisation. Sie wechselt mit den Akteuren und ihren Zielvorstellungen und sie ist immer flexibel an den Prozess und an die Bedürfnisse des Klienten, des zweiten „Herrn des Verfahrens", anzupassen.

Kein Fall ist wie der andere. Kein Verfahren muss genau nach demselben Strickmuster ablaufen wie das vorige. Es ist denkbar, dass im einen Fall das Team zunächst ohne den Klienten tagt und der Fallbegleiter als Informant („Sprachrohr") fungiert. Im Team (mit oder ohne Klient) werden nun die Wünsche des Klienten sowie ggf. weitere Ideen und Vorschläge aus dem Team gesammelt. Hier und jetzt ist der Ort und die Zeit, dieses Material zu diskutieren, Vor- und Nachteile abzuwägen, ggf. auch über die Erfordernisse zu sprechen, weitere von solchen Maßnahmen Betroffene (vor allem den Vorgesetzten des Klienten) oder interne/externe Fachleute (Fachkraft für Arbeitssicherheit, Betriebsarzt) hinzuzuziehen. Ist der Klient dabei, wird er aktiv an dieser Diskussion beteiligt.

---

[29] Nicht dazugezählt die persönliche Person seines Vertrauens, von der sich der Klient in den Sitzungen begleiten lassen kann.

Einwände seinerseits sind ernst zu nehmen, auch solche, welche die Team-Mitglieder nicht sofort überzeugen. Mangelhafte Rhetorik darf dem Klienten nicht zum Nachteil gereichen! Bitte nicht bagatellisieren, nicht widerlegen wollen! Derartige Widerstände lassen sich besser im Zweiergespräch klären und bearbeiten. Oft stecken sehr persönliche Erfahrungen und Ängste dahinter, die der Klient in der Teamrunde nicht offenlegen möchte. Sie können in diesem Setting also auch kaum angemessen bearbeitet werden. Jeden Druck vermeiden! Zu viel Druck erzeugt beim Klienten Stress und gefährdet seine Akzeptanz des BEM, zumindest seine Bereitschaft, aktiv mitzuwirken.

Hat der Klient an der Sitzung zur Sichtung der Problemlösungsmöglichkeiten *nicht* teilgenommen, werden in der Folgesitzung – nun *mit* dem Klienten – ihm die vom Team erarbeiteten Vorschläge und Maßnahmen vorgestellt und erläutert. Bei seiner Stellungnahme dazu steht ihm sein BEM-Begleiter wachsam zur Seite, um zu verhindern, dass er sich sofort unter Entscheidungsdruck gesetzt fühlt.

Wenn sie nicht gleich fällt, quasi wie ein reifer Apfel vom Baum, kann die Entscheidung ebenso nach ausreichender Bedenkzeit im Zweiergespräch mit dem Begleiter fallen, im Bedarfsfalle nach Rücksprache mit seinem Arzt oder dem Betriebsarzt.

Schritt V: Aktionsplan zur Umsetzung der Maßnahme

Mit dieser Entscheidung geht es dann in die letzte Runde, sinnvollerweise im Team *mit* Klient, um gemeinsam die Durchführung der gewählten Maßnahme zu besprechen. Dies läuft im Schema unter Schritt V, der Aufstellung eines **Maßnahmenplans** *("Therapieplan")*. Hier hat der Berater darauf zu achten, dass der Klient aktiv einbezogen wird, dass seine Wünsche und Vorstellungen in der Ausgestaltung der Details berücksichtigt werden und dass er seine arbeits(platz)bezogene Erfahrungskompetenz einbringen kann.

Abgeschlossen wird dieser Prozessschritt mit der Absprache eines Monitorings in der Umsetzungsphase. Das Monitoring impliziert die Möglichkeit, jederzeit die Maßnahme anzupassen. Die Umsetzungsphase ist quasi die *„Pilotierung"* der geplanten Maßnahme.

Umsetzung und Monitoring

Hier endet der eigentliche Beratungsprozess und die **Umsetzungs-phase** (❺) der beschlossenen und geplanten BEM-Maßnahme beginnt. (Siehe Abb. 2, S. 44.) Die Maßnahme ist auf eine bestimmte Zeitspanne ausgelegt, in der die *Begleitung* weiterläuft bis zum offiziellen Abschluss des BEM-Verfahrens. Der Job des BEM-Beraters geht also im Sinne eines Coachings über den Beratungsprozess im engeren Sinne hinaus.

Die Umsetzung der geplanten betrieblichen Maßnahmen wird zur Nagelprobe für die Qualität der Beratung und des individuellen BEM-Projekts: Wie nachhaltig und flexibel gelingt es, Arbeitsanforderung mit der Arbeitsfähigkeit und der gesundheitlichen Belastbarkeit in die Balance zu bringen? [30]

Wozu nützt das Monitoring?

Das Monitoring bietet eine *unterstützende Begleitung* und Beratung des Klienten, vor allem wenn der Klient mit seiner Situation und mit sich selbst nicht im Reinen ist, Zeichen von Resignation und Unsicherheit oder von Überempfindlichkeit gegen Kritik erkennen lässt.

Es soll die Maßnahme auf ihre Wirkung und Tauglichkeit laufend überprüfen. Es garantiert außerdem eine *frühzeitige Anpassung* der Maßnahme, wenn die Annahmen der Belastbarkeit des Klienten sich als zu optimistisch oder als übervorsichtig erweisen. Nicht nur Über-, ebenso Unterforderung gefährdet den Erfolg der Maßnahme.

Und drittens dient das Monitoring der *Konfliktprävention.* Nur wenige Maßnahmen lassen sich in die Arbeitsorganisation und in das Team völlig neutral einbauen, sodass sie keine Störungen (z. B. an Schnitt-stellen und in Netzen) und keine Arbeitsverlagerungen auf andere Arbeitsplätze hervorrufen. Daraus entwickeln sich schnell Konflikte mit Vorgesetzten und Kollegen, die nicht nur den Erfolg der BEM-Maßnah-me in Frage stellen können, sondern auch, je länger sie anhalten und eskalieren, umso schwerer zu entschärfen sind. Für das begleitende Monitoring durch den „Fallmanager" (= Berater) sind also neben der beraterischen Kompetenz Erfahrungen in Konfliktmoderation hilfreich.

---

[30] Auf die einschlägigen Begriffe sei hier erneut verwiesen: „Arbeitsfähigkeit", das Messinstrument „Arbeitsfähigkeits"-/„Arbeitsbewältigungs"- oder„Work Ability Index" (WAI), sowie „Arbeitsfähigkeitscoaching". Zu Letzterem s. auch Anm. 16, S. 30.

Zu beachten: Gespräche mit Dritten, Vorgesetzten und Kollegen des Klienten, darf der Berater nur mit ausdrücklichem Einverständnis des Klienten führen, wie immer: am besten unter seiner Beteiligung.

Auch für das Monitoring gilt: Kein Mensch, kein Fall ist wie der andere. Es wird Fälle geben, die einer engen Begleitung des Klienten bedürfen, wie auch solche, in denen das Monitoring rasch zurückgefahren werden kann auf gelegentliche Anrufe, ein sporadisches Vorbeischauen am Arbeitsplatz oder auf die Absprache mit dem Klienten, dass er bei Bedarf den Begleiter jederzeit ansprechen könne. Meist reicht ein kurzes Nachfragen, um sich ein Bild von der Entwicklung der Maßnahme machen zu können.

Korrekturen an der Wiedereingliederungsmaßnahme, soweit sie auf die Arbeitsorganisation (Arbeitszeit, Pausenregelung, Arbeitspensum) nachhaltige Auswirkungen haben, werden mit dem BEM-Team zu beraten sein. Dafür braucht es kurze Kommunikationswege zwischen Berater und Team und schnelle Entscheidungsmechanismen gerade in der Umsetzungsphase.

Das Monitoring endet erst mit dem offiziellen Abschluss der Maßnahme und ihrer Evaluation. Ein wachsames Monitoring kann die Gefahr des Scheiterns der Maßnahme verringern und ein rechtzeitiges Zurück zur Weiche nach dem Erstgespräch (❸) in die Wege leiten, um eine Entscheidung herbeizuführen für oder gegen ein BEM-2 auf der Basis der Erfahrungen in BEM-1 und deren Evaluation. (Vgl. Abb. 2, S. 44.)

Abschlussgespräch und Fallevaluation

Wenn die gesetzte Frist für die Wiedereingliederungsmaßnahme und das Monitoring abgelaufen sind, wird das Verfahren abgeschlossen. Dies geschieht mit einem **Abschlussgespräch** sowie einer Auswertung des Ergebnisses und der Erfahrungen, die im Prozess gemacht wurden. Auch dafür gibt es keine festen rechtlichen Vorgaben über die standardisierte Dokumentation in der BEM- und in der Personalakte hinaus. Berater und Klient sollten sich jedoch die Zeit nehmen für einen gemeinsamen Rückblick auf ihre Zusammenarbeit in dem gesamten BEM-Prozess. Der Berater bittet den Klienten um ein Feedback mit Blick auf das gesamte Verfahren wie auch auf seine Rolle als persönlicher Berater und Begleiter.

Die **Auswertung (Evaluation ❺)** findet im Team statt. Kritisch wird nicht nur das Ergebnis bewertet, sondern auch das teaminterne Verfahrensmanagement und in diesem Zusammenhang insbesondere die Kooperation mit den diversen Experten. Es stellt sich sicher auch die Frage, wie mit den Meinungsverschiedenheiten zwischen den Vertretern der Arbeitgeber- und der Arbeitnehmerseite im Team umgegangen wurde und ob *alle* am Fall beteiligten Teammitglieder bei der Suche nach Problemlösungen und der Maßnahmenentscheidung wirklich die Interessenlage des Klienten in den Mittelpunkt gestellt haben und nicht die Belange des Systems.

Auf der Grundlage der Erfahrungen aus dem gegebenen Fall ist schließlich zu fragen nach Verbesserungsmöglichkeiten des Verfahrens in Fällen ähnlicher Art. Weder kann man erwarten, dass solche Prozesse von Anfang an optimal verlaufen, noch dass die Erfahrungen aus dem einen Fall 1:1 auf andere Fälle übertragbar sind. Die Evaluation sichert den Lernprozess nicht nur auf der individuellen Ebene der Akteure, sondern auch auf der Ebene des Systems („Lernende Organisation").

Der „depressive" Klient [31]

Das BEM – für den Klienten eine ungewohnte Situation

Für Klienten ist die Situation, in die sie das BEM bringt, ungewohnt. Viele kennen das Krankenrückkehrgespräch (KRG). Sie kennen ihren Vorgesetzten, der sie nach ihrer Rückkehr an den Arbeitsplatz zum Gespräch bittet. Sie haben gelernt, mit dieser Situation, ob sie sie als angenehm oder unangenehm empfinden, umzugehen. Mit dieser Vorerfahrung gehen sie in das erste BEM-Gespräch, nachdem sie die schriftliche Einladung des AG erhalten haben. Irgendwie scheint ihnen das BEM „höher aufgehängt" zu sein als das KRG. Aus der offiziellen Informationsveranstaltung zum BEM ist nur in Erinnerung geblieben, dass man die Fehlzeiten reduzieren möchte durch sogenannte geeignete Maßnahmen am Arbeitsplatz. Das Ganze geht vom Arbeitgeber aus, also von oberster Stelle. Hört sich beunruhigend an ...

Klienten reagieren auf neue, ungewohnte Situationen gemäß ihrem „Naturell", richtiger: gemäß ihrer aktuellen psychischen Verfassung. Diese wird nicht nur von der Persönlichkeit konstituiert, sondern in sie fließen auch Faktoren ein aus dem Umfeld (vor allem Arbeit, Familie) und – nicht zu vergessen – die Wahrnehmung der eigenen physischen Befindlichkeit, wozu Gesundheit/Krankheit und Alter gehören. Diese Gemengelage wirkt sich auf das Verhalten aus, umso mehr, je stressiger eine Situation erlebt wird.

Keine Diagnose: „deprimiert" statt „depressiv"!

Eine Verhaltensbild, das von Beratern als besonders schwierig eingestuft wird, bieten Menschen, denen alles über den Kopf wächst. Sie wirken mutlos, abwehrend, verschlossen, passiv – Merkmale, die wir laiendiagnostisch unter „depressiv" subsumieren. Da der Laienberater keine Diagnosen stellt, zieht er es stattdessen vor, solche Personen als „deprimiert" zu bezeichnen, auch wenn sie selber ihre Befindlichkeit

---

[31] Im Rahmen dieser Arbeit kann das Thema „Depression" ebenso wenig erschöpfend behandelt werden wie andere psychische Erkrankungen. Ich möchte es dennoch hier zur Sprache bringen, da es in der Beratungspraxis sowohl häufig als auch als besonders schwierig erlebt wird. Ich werde mich dabei auf das Phänomen der sog. „Depressiven Verstimmung" beschränken. Menschen mit der psychiatrischen Diagnose „Depression" gehören ohnehin nicht in die Hände von Laienberatern. Solche Fälle im BEM sind in die Verantwortung des Betriebsarztes zu geben.

als „Depression" oder „Burnout" „diagnostizieren".[32] Bei Menschen, die antriebsgeschwächt sind, ist das Beratungsziel zu modifizieren. Es geht zunächst nicht um Veränderung und „geeignete Maßnahmen am Arbeitsplatz", sondern um Verringerung des Drucks (= *„pressure")*, der auf der Person lastet.

Die Aufgabe des Beraters: sich mit viel Geduld und Empathie die Leidensgeschichte des Klienten, so wie er sie erlebt hat und noch erlebt, anhören, ja, sich in sie hineinfragen, zum einen, um sie in ihrer *subjektiven* Wirklichkeit (d. h. wie sie „wirkt") des Klienten zu verstehen, und zum anderen, um den Stöpsel zu ziehen und den Überdruck abfließen zu lassen. Diese beraterische Haltung ersetzt nicht die (fach) ärztliche Hilfe, aber sie kann eine wichtige Vorarbeit leisten: den Weg in eine psychiatrische oder psychotherapeutische Praxis zu ebnen.

Nehmen wir einen fiktiven Fall: Herrn Frank Finster wird das BEM angeboten.

Der Fall „Frank Finster"

Was der Berater vor dem ersten Fallgespräch über Herrn Finster weiß:

Frank Finster,

55 Jahre, seit 18 Jahren im Betrieb, eine GmbH, die vor 4 Jahren von der Holding XY AG übernommen wurde. Er arbeitet im Einkauf. Er hat seit Jahren Rückenprobleme. Vor 2 Jahren bekam er einen neuen Stuhl und einen höhenverstellbaren Tisch. Das half einige Zeit, doch im letzten Jahr wurden die Beschwerden wieder schlimmer und er fällt häufig aus.

Da er und noch eine Kollegin die einzigen im Einkauf sind, die in Vollzeit arbeiten, waren es vor allem die Kolleginnen in TZ, die seit Langem die Engpässe, die durch Finsters Fehlen entstanden, mit Überstunden kompensiert haben. Da aber die Fehlzeiten nicht weniger wurden

---

[32] Es ist generell davor zu warnen, Selbstdiagnosen von Klienten zu übernehmen. Man bestätigt und verfestigt ihre negative Selbstetikettierung und legitimiert auf diese Weise ihre Verhaltenslogik: *„Weil ich depressiv bin,* sehe ich alles schwarz und habe nicht die Kraft, meine Lage und meinen Zustand zu verändern." Solange keine medizinische Diagnose einer Depression vorliegt, könnte mit gleichem Recht die Kausalkette umkehrt lauten: „Weil ich alles schwarz sehe und nicht die Kraft habe, meine Lage und meinen Zustand zu verändern, *fühle ich mich depressiv."* Es geht in der Beratung nicht darum, die Selbstdiagnose des Klienten in Frage zu stellen, sondern sie sich nicht anzuzeigen; die Befindlichkeit ganz ernst zu nehmen, aber daraus keine (für ihn) unprüfbaren Schlüsse zu ziehen, selbst wenn der Klient sie einem nahelegt.

71

und sich sein Zustand eher verschlechtert, fordern sie vom Chef eine personelle Entscheidung.

Der Chef hat bisher solches Ansinnen abgewiesen, da ohnehin bald der gesamte Einkauf der GmbH in die Zentrale der Holding verlagert werden soll. Deshalb wurde von oben für den Einkauf ein strikter Einstellungsstopp verfügt.

Nach einem angenehmen und lockeren Einstieg ins Gespräch (mit Tee) kommt man bald zum eigentlichen Thema. Ausführlich schildert Herr Finster sein gesundheitliches Problem und die bisherigen Behandlungen. Man hat Gleitwirbel in der Lendenwirbelsäule diagnostiziert und drei Lendenwirbel mussten versteift werden. Die Beschwerden haben sich kaum verbessert, sie haben sich nur verlagert. Für seine Zukunft sieht er keine Chancen mehr. Angesichts dieser trüben Aussichten und der anstehenden Umorganisation seines Arbeitsbereichs könne er sich auch keine Maßnahmen vorstellen, die ihm helfen könnten. Dazu komme, dass er für einen beruflichen Neuanfang zu alt sei, sich aber für einen vorzeitigen Ruhestand noch zu jung fühle. Er liebe seine Arbeit und fürchte, wenn er sie verlöre, den Verlust von Lebensqualität und Lebenssinn.

Herr Finster macht seinem Namen alle Ehre. Er hat resigniert, es geht ihm nicht gut. Eine frühere Maßnahme, die sein Rückenleiden lindern sollte, hatte nur kurzfristig gewirkt, inzwischen hat sich der Zustand weiter verschlechtert. Die aktuelle Diagnose ist diesbezüglich nicht ermutigend. Der Berater ist sowohl von der Schwere des Leidens des Herrn Finster als auch von seiner depressiven Ausstrahlung betroffen. Zu guter Letzt lässt er sich das Problem delegieren ohne nennenswerte Beteiligung des Klienten, der nicht mehr an eine wirkliche Lösung für sein Problem glauben kann.

Die Angst vor Gefühlen

Begleiten statt fliehen

Auf den Berater macht Herr Finster den Eindruck eines deprimierten Menschen, der sich aufgegeben hat. Allein, als er auf seine Arbeit zu sprechen kommt, hellt sich seine Stimmung etwas auf. Er liebe seine Arbeit und fühle sich noch zu jung, um schon als Frührentner zu Hause zu sitzen. Der Berater lässt sich geduldig auf seine Schilderungen ein. Er hört aktiv zu, fasst auch gelegentlich Abschnitte des

Gehörten zusammen, verzichtet auf Wertungen. Er vermeidet jedoch, die Wahrnehmung seines seelischen Tiefs dem Gesprächspartner zu spiegeln. Er hat Angst, ihn noch weiter in die „Depression" hineinzutreiben. Daher versucht er, leider vergeblich, den Klienten positiv und optimistisch zu stimmen. Er weicht aus auf sicheres, vertrautes Gelände: die Lösungsebene (Sachebene). So muss er sich nicht auf der emotionalen Ebene mit der unangenehmen, resignativen Gefühlslage befassen. Doch genau dies wäre nötig: das (durchaus nachvollziehbare) Gefühl der Aussichtslosigkeit anzusprechen und anzuerkennen, den Klienten *auch emotional* da abzuholen, wo er sich befindet: allein in einem Loch, ihn „unterzuhaken" und in „Arm-in-Arm"-Begleitung in *seinem* „Gehtempo" aus dem Loch herauszuführen. Diese Begleitung in engem Kontakt ist erfolgversprechender, als oben zu stehen und dem Klienten unten im Loch zuzurufen, er solle doch hochkommen. Genau dazu hat er selbst weder die Kraft noch die Leiter, aber genau dieses behutsame, begleitende Herausführen ist die erste Aufgabe des Beraters.

Was hätte der Berater sagen können? Ein fiktiver Dialog

Berater: *„Ja, das kann ich gut verstehen, dass Sie in d e r Lage nur noch schwarz sehen. Ich glaube, das ginge mir nicht anders. Und wenn man schwarz sieht, hat man auch keinen Mut mehr, noch an irgendwelche Chancen zu glauben. Also sucht man danach auch gar nicht. Ich denke, dass es Ihnen schon eine ganze Weile so geht?"*

Klient: *„Ja, genau, so geht's mir. Ich habe oft morgens keine Lust, überhaupt aufzustehen. Wozu auch? ... und trotz Schmerzen zur Arbeit zu gehen, wenn ich genauso auch zu Hause bleiben könnte?"*

Berater: *„Aber dann rappeln Sie sich doch auf und gehen trotz Schmerzen zur Arbeit?"*

Klient: *„Ja, dann hab' ich wenigstens ein bisschen Ablenkung und Kollegen um mich, die mich auf andere Gedanken bringen. Man braucht mich ja doch auch immer noch, weil ich viele unserer Geschäftspartner gut kenne und weiß, wie man mit ihnen verhandeln muss. Da bin ich immer noch manchem Jüngeren in unserm Laden voraus."*

Berater: *„Tja, und so was baut auf und hält Sie über Wasser. Und für Ihre Kollegen und Kolleginnen sind Sie doch sehr wichtig, auch wenn Sie öfters mal fehlen. Ich denke, sie wissen um Ihre gesundheitliche Situation, oder?"*

Klient: „*Natürlich. Ich habe denen das schon gesagt. Sie müssen ja auch wissen, woran sie mit mir sind.*"

Berater: „*Mir scheint, Ihre Kollegen und Kolleginnen haben sich gut auf die Situation eingestellt und mit ihrer Forderung nach personeller Entlastung denken sie nicht nur an sich wegen der Überstunden, sondern auch an Sie, Herr Finster – dass Sie, wenn Sie krank sind, nicht jedes Mal ein schlechtes Gewissen haben oder sich zur Arbeit quälen müssen. Oder sehe ich das falsch?*"

Klient: „*Ja, wenn Sie das so sagen ..., kann schon sein ... – Einer hat mal zu mir gesagt: ‚Mensch, Frank, bleib doch daheim! Mach dich doch hier nicht kaputt! Der Betriebsrat muss halt mal richtig Druck machen, damit da was passiert und endlich jemand eingestellt wird.' ‚Machen die aber nicht, weil sie ja bald den Laden hier auflösen wollen', sag ich. ‚Ach', sagt er, ‚das kann noch lange dauern. Es steht eh noch kein Termin fest. So was kann Jahre dauern, ich kenn' das, ist doch überall das Gleiche. So lange können wir hier nicht warten und immer so weiter machen wie bisher. Da muss Druck rein ins Management, verstehst du?'*"

Berater: „*Vielleicht hat der Kollege gar nicht so unrecht. Diese Idee müsste auf jeden Fall ernsthaft geprüft werden. Meinen Sie nicht auch?*"

...

Den Keim der Hoffnung entdecken

Frank Finsters Fall, ein kleines Beispiel dafür, was ich unter Begleiten verstehe wie man immer nah am Text des Klienten bleiben und aufgreifen kann, was von ihm kommt („Arm in Arm gehen"). Alles Mitgeteilte hat eine Sachinformation, eine emotionale und eine Beziehungsinformation. Und der Berater kann auf den drei „Klaviaturen" spielen, je nachdem welche der drei ihm im Moment den besseren Sound liefert.

Im ersten Teil des fingierten Dialogs spielt er auf der emotionalen Klaviatur. Er spiegelt Frank Finsters Gefühl der Hoffnungslosigkeit. Mit der anschließenden Frage spielt er ihm den Ball zu, um ihm die *Möglichkeit* zu geben, seine innere Situation noch weiter offenzulegen. Frank greift sie gerne auf und spricht von der Entscheidungssituation am Morgen. Der Berater spiegelt ihm seine Achtung, dass er sogar trotz Schmerzen zur Arbeit gehe. (Von Spiegeln kann man hier deshalb sprechen, weil der Klient ja selber stolz auf seine Diensteinstellung ist. Durch die Spiegelung wird er in seiner positiven Haltung bestätigt und gestärkt.) Das lenkt seinen Blick auf die Situation im Team, die menschlich tragend zu sein scheint und ihm seinen Selbstwert erhält. (Die Beziehungsklaviatur kommt ins Spiel.) Diesem Hoffnungsschimmer gilt es zu folgen. Unversehens tut sich ein erster Weg zu einer Lösung durch Wechsel auf die Sachebene auf. Der Berater registriert diese erste konkrete Lösungsidee. Auch wenn man sich freut, dass sie vom Klienten selber kommt, bleibt für den Berater die eiserne Regel bestehen: Keine vorschnelle Wertung, kein Versprechen, dass dies die wirkliche Lösung sei. „... prüfen" – ja; ein „Super! Okay, das kriegen wir hin!" – nein! Der Sound, auf der Sachklaviatur gespielt, klingt eben eine Spur kühler ...

Gefühle wahrnehmen und „anerkennen"

Berater möchte ich ermutigen, ihre Nähe zum Klienten auch hörbar zum Ausdruck zu bringen. Keine Angst vor resignativen und depressiven oder aggressiven Stimmungen! Einfach die eigenen menschlichen Reaktionen des Mitgefühls zulassen, wenn es dem anderen schlecht geht. Nicht werten, nicht widersprechen, aggressiv-ausfallende Äußerungen nicht tadeln! Mit dem ersten Schritt ins BEM hat der Klient ja signalisiert, dass er willens ist, sich helfen zu lassen. Aber zu allererst braucht er das „Anerkennen" seines emotionalen Zustands – ob unmittelbar in der Gesprächssituation oder von Gefühlszuständen, über die er berichtet (z. B. von Ärger über Ärzte, Klinik, mit seinem Vorgesetzten oder Kollegen). Solange der Berater ihm dieses Anerkennen verweigert, weil er vor den dunklen oder harten Gefühlen des Klienten auf die Sachebene flüchtet, wird dieser sich schwertun, sich zu jenem selbstbewussten „Herrn des Verfahrens" zu entwickeln und selbstverantwortlich seinen aktiven Part bei der Lösungssuche und der Umsetzung der Lösungsentscheidung zu spielen.

> Wer einen anderen aus seinem Tief herausholen will,
> muss ihn zuerst dort aufsuchen.

Der Klient in seelischer Krise bei Beginn der BEM-Gespräche

BEM-Berater müssen damit rechnen, dass sie es mit Menschen zu tun bekommen, die aufgrund schwerer Erkrankungen oder Unfälle die BEM-Berechtigung erworben haben. Nicht selten werden sie sich Menschen gegenüber sehen, deren Schicksalsschläge noch nicht lange zurückliegen. Die Betroffenen können folglich noch mitten in einem schwierigen und krisenhaften Verarbeitungsprozess stehen, insbesondere wenn es um Erkrankungen geht, die auf lange Sicht oder auf Dauer zu einer gesundheitlichen Beeinträchtigung und zu einer Veränderung ihrer Lebensweise führen werden.

Die Bereitschaft, ich könnte auch sagen: die Fähigkeit, sich auf das BEM-Verfahren einzulassen und sich aktiv daran zu beteiligen, hängt von mehreren Faktoren ab, vor allem

- vom Selbstbild des Betroffenen und seinen Erfahrungen mit Leiden und Schicksalsschlägen, den persönlichen wie auch solchen nahestehender Angehöriger

- von seiner seelischen Widerstandskraft (Resilienz)

- von der Prognose, sein Leiden betreffend

- von seinem sozialen, vor allem familiären, aber auch beruflichen Umfeld und wie viel an Unterstützung er daraus erwarten kann

- vom Standort des Betroffenen im Prozess der Krisenverarbeitung.

Unfall und Krankheit als Auslöser seelischer Krisen

Schwerbehindertenvertrauenspersonen wissen aus Erfahrung – viele auch aus der Erfahrung der eigenen Behinderung – wie schwer es Menschen fällt, niederschmetternde Diagnosen wie Krebs, schwere Niereninsuffizienz, Herzleiden, unheilbare chronische Erkrankung wie Parkinson, um nur einige zu nennen, anzunehmen und ihre weitere Lebensweise darauf umstellen zu müssen.

Wir alle wissen auch, wie unterschiedlich Menschen mit Schicksalsschlägen umgehen. Und wie lange es dauern kann, bis ein Betroffener sich dazu durchringt, sein Schicksal anzunehmen und sich rational mit der sich ihm stellenden Situation und den Möglichkeiten, die sich ihm bieten, auseinanderzusetzen. Beratung kann in solchen Krisen hilfreich sein, wenn der Berater erkennt, wo im Krisenprozess sich der Klient befindet. Solange der Betroffene noch gar nicht bereit ist, seine Beeinträchtigung anzunehmen und noch ganz damit beschäftigt ist, sich beispielsweise mit der Schuldfrage („Inkompetenz der Ärzte") zu befassen, macht es wenig Sinn, über geeignete Anpassungen seines Arbeitsplatzes zu diskutieren.

Es gibt diverse Modelle, um den Verlauf von schicksalhaften Krisen zu beschreiben. Sie alle gehen davon aus, dass das Eintreten des die Krise auslösenden Ereignisses, z. B. die Mitteilung der Diagnose einer unheilbaren Erkrankung, zunächst in eine Phase seelischer Instabilität führt. Je nach Persönlichkeit reagiert der Betroffene mit Angst, Fremd- und Selbstvorwürfen, Verdrängen, Wut, Resignation, Depression, bis er sich ins Unvermeidliche fügt, seine neuen Befindlichkeit annimmt und in sein Selbstbild integriert. Erst dieser Schritt öffnet den Blick für die Chancen, die sich ihm unter den veränderten gesundheitlichen Bedingungen für eine befriedigende Lebensführung bieten. Er nimmt sein Leben wieder in die Hand und gestaltet es mit neuem Selbstbe- wusstsein und Selbstvertrauen auf der Basis der Neubestimmung seines Selbstwertes. Dieser Standort markiert den Wendepunkt im Krisenprozess. Der Betroffene wird offen für die Frage der Anpassung seines Arbeitsplatzes und seiner Arbeitsbedingungen, ggf. auch seines Arbeitsverhältnisses. Er kann Unterstützung annehmen und fordert seine Rechte ein.

Wie leicht wäre Beratung im BEM, könnte man warten, bis der BEM- Berechtigte seine Krise bis zu jenem Wendepunkt „bewältigt" hätte, an dem er für rationale Problemlösungen zugänglich würde! Dem steht die Vorstellung des Gesetzgebers entgegen, dass das BEM möglichst zeitnah nach Erfüllung des 6-AU-Wochen-Kriteriums anzubieten sei. Die individuelle psychische Krisenbewältigung wird sich kaum danach richten. Also obliegt es dem BEM-Berater, sich darauf einzustellen.

Was heißt das konkret? Das Erstgespräch wird in Fällen krankheits- bedingter Schicksalsschläge kaum geeignet sein, bereits betriebliche Lösungsansätze für eine dem gesundheitlichen Status angemessene Wiedereingliederung zu erarbeiten. Das „Anamnese"-Gespräch wird dem Berater einen Eindruck vermitteln, in welcher psychischen Ver- fassung sich der Klient befindet. Bei gravierenden Diagnosen sollte man sich nicht blenden lassen von einer überraschenden Gefasstheit und einem souveränen Über-den-Dingen-Stehen, die in krassem Widerspruch zur Härte der Diagnose stehen. Der Klient rettet sich auf die Sachebene und spricht von sich wie von einem Fremden oder von einem Objekt. Diese pseudorationalen Reaktionsmuster *können* genauso Krisensymptome sein wie die eher erwartete Niedergeschlagenheit und Verzweiflung.

Mit nicht-direktiver Gesprächsführung sich von der Krise ein differenziertes Bild machen

Welches psychische Bild die Person des Klienten vor dem Hintergrund der gesundheitlichen Situation dem Berater auch immer präsentiert,[33] die Instrumente der nicht-direktiven Gesprächsführung: Aktives Zuhören, Spiegeln, Nach-Fragen, Zusammenfassen, helfen dem Berater, dieses Bild zu differenzieren. Nicht zu „hinterfragen" im Sinne der kritischen Überprüfung der Selbstdarstellung! Dies steht dem Berater nicht zu. „Das Bild *differenzieren*" will sagen, die Haltung des Klienten zu seiner Krankheitsgeschichte und zu sich selbst besser zu verstehen. Da kann er seinem Erstaunen auf völlig authentische Weise Ausdruck verleihen: *„Ich staune, wie gefasst und locker Sie mit dieser Diagnose umgehen können. War das denn gleich von Anfang an so?"* Die Antwort auf die Frage, die an die Spiegelrückmeldung: „Ich staune ...", anschließt, wird jenes aktuelle Bild, das der Klient dem Berater bietet, differenzieren. Der Klient wird berichten, dass er anfangs auch in ein tiefes Loch gefallen sei, dass aber glücklicherweise sein Arzt ihm die Hoffnung zurückgegeben und seine Frau in dieser Phase fest an seiner Seite gestanden habe. Der Berater kann nun diese Informationen über den Krisenprozess aktiv zuhörend und spiegelnd aufnehmen, um ihm – ohne Druck! – die Chance zu geben, ausführlicher darüber zu sprechen. Wir müssen immer mitreflektieren, dass wir uns im betrieblichen Milieu befinden, in dem es eher ungewöhnlich ist, sich über solche Erfahrungen und Gefühle in quasi dienstlichen Gesprächen auszulassen. Wenn wir diese kaum benutzte Türe öffnen, dann bleibt es dennoch dem Klienten anheimgestellt, ob er durch diese Türe geht oder nicht.

---

[33] Es könnte auch abhängig sein von der Rolle bzw. Position des Beraters in der betrieblichen Hierarchie. Wenn ein Personalreferent (Arbeitgebervertreter) dem Klienten im Erstgespräch gegenübersitzt, könnte der Klient, um seinen Arbeitsplatz nicht zu gefährden, bemüht sein, seine gesundheitliche Situation positiver darzustellen und sich optimistischer zu geben, als wenn ein Betriebsrat oder eine Schwerbehindertenvertrauensperson ihm gegenübersitzt.

Fünf Phasen der Überwindung von schicksalhaften Krisen

Unsere Überlegungen zum Verlauf von Krisen versuche ich, in folgendem 5-Phasen-Modell zu ordnen.

Phase	Beschreibung	Beispiele
1. „Erleiden"	Das die Krise auslösende Ereignis tritt ein.	Unfall, Krankheit, Diagnoseschock
2. „Reagieren"	Angst, Wut, Rat- und Hoffnungslosigkeit, illusionäres Hoffen, Fremd- und Selbstvorwürfe, Verdrängen („Flucht"), Aktivismus, Lethargie, Stimmungsschwankungen, Verlassenheitsgefühl, Selbstwertverlust, Depression	Starke Leistungsschwankungen, Teamkonflikt, Selbstüberforderung, Gefühl der Benachteiligung oder ungerechter Behandlung, Überempfindlichkeit, Missverständnisse
3. „Akzeptieren"	Neue Sicht auf die Realität, Versuch, die Sinnfrage positiv zu beantworten, Annehmen der krankheitsbedingten neuen Situation, Integration der Krankheit ins Selbstbild	Realistische Einschätzung der Leistungsfähigkeit, Stabilisierung der Leistung, offen zur Krankheit/Behinderung stehen, ausgeglichenes Verhalten
4. „Rehabilitieren"	Neue Möglichkeiten entdecken und wahrnehmen, das „neue Leben" gemäß den veränderten Bedürfnissen gestalten und optimieren, Selbstwertgefühl formiert sich neu	Erwartungen artikulieren können, Rechte in Anspruch nehmen, auf Optimierung des AP und der Arbeitsbedingungen hinwirken
5. „Normalisieren"	Das „neue Leben" gewinnt Normalität – für den Klienten und für das soziale Umfeld, der Vergleich des Jetzt zu Vorher verliert an Bedeutung	Die neue Situation am Arbeitsplatz wird von allen Beteiligten als normal erfahren

Realistischerweise ist davon auszugehen, dass der Einsatz der BEM-Beratung in die Phasen 2–4 fällt. Sicher ist der Beginn der Beratung, wenn sie in die Phase 2 fällt, am schwierigsten. In dieser Phase ist der Klient noch überwiegend mit sich selbst beschäftigt und tief verunsichert durch das Trauma des Verlusts seiner Gesundheit, der sein Leben nachhaltig verändert. Hier ist er innerlich noch nicht bereit, sich konstruktiv auf eine nachhaltige Veränderung seiner Lebens- und Arbeitssituation einzulassen. Statusverlust (z. B. durch Arbeitsplatzwechsel), Verdiensteinbußen (Wegfall von Zuschlägen), krankheitsbedingte Veränderung des sozialen Umfelds (Team) sind nicht auszuschließen und die Bereitschaft, diese Nachteile in Kauf zu nehmen, ist noch nicht vorhanden. Ja, vielmehr ist mit Misstrauen und Abwehr zu rechnen.

Solange die Akzeptanz der neuen gesundheitlichen Situation fehlt (ab Phase 3), fehlt sie auch bei der Bemühung, realitätsgemäße Lösungen für die Probleme des Arbeitsplatzes bzw. des Beschäftigungsverhältnisses gemeinsam mit dem Klienten zu erarbeiten. Vielleicht kann der Betriebsarzt durch seine Kompetenz und (externe) Autorität den Schritt zur Akzeptanz erleichtern. Der BEM-Berater sollte jedenfalls vermeiden, den Schritt zur Problemlösung erzwingen zu wollen. Er riskiert damit das Scheitern des BEM-Prozesses, wenn nicht durch Abbruch des Verfahrens, so durch den Misserfolg der „vereinbarten" Maßnahmen. Der Klient trägt sie nicht aus Überzeugung mit und sieht sich dadurch auch nicht in der Verantwortung, sie zum Erfolg zu bringen. Ein typischer Fall von „Delegationsfalle"[34], in die Berater tappen, die um des (raschen) Erfolgs willen dem Klienten die Verantwortung für sein Problem und dessen Lösung abnehmen und ihm hinterher übelnehmen, dass ihr Helferaktivismus nicht zum gewünschten Ziel führte.

Trifft die Beratung auf den Klienten in der Phase 2, verlängert sich der Beratungsprozess um den entscheidenden Schritt von Phase 2 zu Phase 3, von der Reaktion auf die traumatische Erfahrung des Gesundheitsverlusts zur Akzeptanz eines Lebens mit gesundheitlichen Einschränkungen. Wie auch immer sich von Mensch zu Mensch verschieden diese Phase des Reagierens darstellt, das angemessene Verhalten des Beraters lässt sich am besten als „begleitendes Führen" beschreiben. Nur in dieser verantwortungsbewussten Nähe-Haltung, die sich ganz dem seelischen und gedanklichen Bewegungstempo des Klienten anpasst, geht das Vertrauen, das der Beraters in die

---

[34] Zur „Delegationsfalle" ausführlich in P. Waltner, Kollegen und Mitarbeiter professionell beraten, S. 23–26

Entwicklungsfähigkeit des Klienten setzt, auf diesen über und stärkt sein Selbstvertrauen. Ohne Selbstvertrauen ist der Schritt in jene Phase 3, die innere Akzeptanz der (leistungs-)gewandelten Situation, die den Wendepunkt der Krise markiert, schwerlich zu erreichen. Und ohne Selbstvertrauen und Selbstverantwortungsbewusstsein des Klienten stehen Maßnahmen zur Sicherung des Arbeitsplatzes oder gar des Beschäftigungsverhältnisses mit unvermeidlichen „Risiken und Nebenwirkungen" unter einem schlechten Stern.

Hilfe für den Berater: Gib dem Gespräch eine Struktur!

Eine Hilfe ist es für Berater und Klient, wenn der Berater die detaillierte Schilderung des Problems, des aktuellen Zustands und wie es sich dahin entwickelt hatte, abschließt mit

- einer sortierenden Zusammenfassung der Sachlage, wie der Klient sie dargestellt hat,

- der einfühlsamen Würdigung seiner Resignation und Hoffnungslosigkeit angesichts dieses Problemdrucks (nicht nur an die Sachebene denken, sondern auch die emotionale Ebene wahrnehmen!),

- der anschließenden Benennung der Problemaspekte (prekärer Gesundheitsstatus samt ungewisser Erfolgsaussicht der anstehenden Operation, geplante Auflösung der Abteilung ohne Aussicht auf personelle Entlastung, Wunsch nach Erhalt des Arbeitsplatzes und Angst vor Sinnverlust nach Arbeitsplatzverlust in fortgeschrittenem Alter)

- der abrundenden Frage an den Klienten, ob damit alle wesentlichen Punkte benannt seien oder ob noch etwas fehle bzw. was er noch ergänzen möchte.

Danach stellt der Berater die *Weiche in Richtung Problemlösung* mit der Frage, ob er, Klient, schon irgendwelche Ideen habe, was ihm helfen und seine Situation auch nur ein wenig verbessern könnte. Diese Ideen müssten sich nicht auf die rein betrieblichen Möglichkeiten beschränken *(„Wir wollen alle Optionen einbeziehen.")*. Falls er erkennt, dass der Klient noch zu sehr in der Resignation steckt, kann der Berater durchaus mit einer eigenen Idee starten (bitte immer im Konjunktiv: *„könnte man"!)*

So ließe sich gemeinsam herausfinden:

- ob die Schmerzen während der Arbeitszeit schlimmer sind als zu Hause (Option: Home Office),

- ob dem Klienten am Arbeitsplatz mehr Haltungswechsel oder Ruhepausen je nach Befinden angenehm wären und er so die Arbeitszeit besser durchstehen könnte (Option: freiere, leidensgerechte Arbeitszeitgestaltung),

- ob man die Arbeitszeit auf Teilzeit herunterfahren sollte,

- ob man mit betriebsärztlicher und integrationsfachdienstlicher Expertise den derzeitigen ergonomischen Status des Arbeitsplatzes neu überprüfen und ggf. an die aktuelle Diagnose (Gleitwirbel, Versteifung durch OP) anpassen könnte,

- ob nicht die Beantragung der Anerkennung auf Schwerbehinderung bzw. Gleichstellung eine weitere Option wäre, um den Arbeitsplatz zu sichern etc. und

- ob sich verschiedene Ansätze sinnvoll miteinander kombinieren ließen.

Ich bin sicher, bei solcher Beschäftigung mit dem Klein-Klein der Verbesserungsmöglichkeiten würde sich die Miene des Herrn Finster mehr und mehr aufhellen und er würde in die Ideenproduktion einsteigen. Bitte alle Ideen, auch unausgegorene und unrealistische sammeln, gleich auf ein Papier oder einem Chart festhalten, damit keiner verlorengeht und man immer wieder darauf zurückgreifen und die Liste oder „Mindmap" fortschreiben kann. Besser als Blatt Papier und Chart sind Zettel oder Kärtchen. Jede Idee oder Gedankensplitter auf einen Zettel notieren und lesbar auf dem Tisch auslegen. Dann kann man gemeinsam die Ideen einzeln näher betrachten, solche, die ähnlich sind oder sich ergänzen, zu Clustern zusammenschieben ... Herr Finster würde sich an einzelnen Vorschlägen festbeißen und Ansätze zu ihrer Konkretisierung liefern, vielleicht in Frageform. Ebenfalls notieren! Es gäbe Punkte, die von ihm selber eingebracht würden, andere würde er vielleicht verwerfen. Egal! Er wäre in die Ideenwerkstatt hineingeholt und es würde ihm nach anfänglichem Zögern sogar Spaß machen mitzu-„spielen". Regel: Alle Ideen werden zugelassen, auch wenn sie auf den ersten Blick noch so unrealistisch erscheinen, gemäß dem Motto: *„Geht-nicht gibt's nicht!"* Schließlich wird man die Ideen gemeinsam auf dem Tisch ordnen, priorisieren und kombinieren. Ein „Brainstorming" dieser Art wirkt produktiv nach und manchmal sogar Wunder!

Ein resigniertes Delegieren ist somit vom Tisch. Es wird nun gemeinsam überlegt,

- welche Vorschläge dem Klienten am besten *gefallen* (noch nicht: welche Vorschläge realistisch sind),
- welche die nächsten Schritte sein könnten und
- was er, der Klient, selber tun könnte und was der Berater übernehmen müsste.

Kein Vorschlag wird verworfen, aber jene, die dem Klienten am meisten zusagen, werden vorrangig auf die Agenda gesetzt.

Beraten muss Spaß machen, muss anregend sein, kreativ – für beide: Klient und Berater! Diese Art der Beratung hat vieles gemeinsam mit der Methodik zielorientierter, aber ergebnisoffener Projektarbeit, in denen nicht nur Realitätssinn, sondern auch und davor Fantasie gefragt sind. Ein guter Berater ist gewiss empathisch, aber ebenso neugierig und ein kreativer Tüftler – vorzugsweise im „Teamwork": mit seinem Klienten. Erst danach stellt sich die Frage, was wie realisierbar sei. Und die zweite Frage, welche Bedingungen für den Klienten, für sein betriebliches Umfeld und für den Arbeitgeber damit verbunden wären.

Im letzten Kapitel werden wir uns der Frage stellen, wie der Berater zu einem adäquaten Umgang mit seinen eigenen Gefühlen in der Beratung finden und seinem Bedürfnis nach Distanz gerecht werden kann.

Bin ich denn aus Stein?
Wenn Emotionen zur Last werden ...

„Nicht, dass wir Gefühle haben, ist das Problem,
sondern dass wir sie als störend empfinden,
statt als hilfreich."

Das Bedürfnis des Beraters nach Distanz

Menschen in Schwierigkeiten beraten kann belastend sein. Wenn Empathie Nähe zum Klienten schafft, wird der Berater auch empfänglich für die belastenden Emotionen des Klienten. Oder ein Vorkommnis berührt ihn, vielleicht weil es eigene leidvolle Erfahrungen wachruft oder er sich mit dem Schicksal der betroffenen Person identifiziert. Er leidet mit und diese Befindlichkeit hält ihn auch noch über die Begegnung hinaus gefangen: *Wie kann ich mich daraus wieder befreien? Wie kann ich Nähe zulassen, ohne das Steuer aus der Hand zu verlieren?*

Genauso belastend kann die Verunsicherung sein, die starke Emotionen des Gegenübers auslösen können: *Wie soll ich damit umgehen? Was passiert, wenn ich sie zulasse? Stürzen wir dann beide ins Gefühlschaos? Gefühle stören mich hier, ich darf mich auf keinen Fall darauf einlassen! Ich lasse sie nicht an mich rankommen.*

Beratung unter erhöhtem Ansteckungsrisiko

Beide Reaktionsweisen auf Emotionen sind in Beratungssituationen (und nicht nur da) unangemessen: die emotionale Verschmelzung wie die völlige Abschottung. Bei der einen versinkt der Betroffene in der Nähe-Haltung, die er, selbst noch lange nach dem Kontakt, nur schwer wieder ablegen kann, bei der anderen versetzt ihn der Wunsch nach Distanz in eine Art Kältestarre, in der er die emotionalen Signale des Gesprächspartners nicht mehr aufnimmt. Diese Verhaltensmuster markieren die durchaus real vorkommenden Extrempunkte eines Kontinuums von Zwischenstufen.

Distanz- und Nähe-Muster

Das Distanz-Muster

geht in erster Linie zu Lasten des Klienten. Er spürt, dass der Berater sich seiner *Person* verschließt. Dessen ausweichende Reaktion enthält keine Resonanz auf seine Emotion. Der emotionale Appell an den Berater geht ins Leere. Dieser „flieht" gewissermaßen auf den trittfesten Boden der Sachebene und nimmt selektiv nur Sachinformationen auf; die damit verbundenen Gefühle werden ausgeblendet. Die *Person* fühlt sich ignoriert, alleingelassen. Der Klient nimmt wahr, dass die Kommunikation zwischen ihm und dem Berater auf das Sachproblem reduziert wird. Ignoranz und Reduktion schädigen die Vertrauensbasis.

Die Folge: Je nach Typus, legt der Klient entweder nach und dramatisiert sein Problem, bis der Berater sich der emotionalen Botschaft nicht mehr entziehen kann, oder er zieht sich in sein Schneckenhaus zurück und übernimmt die Reduktion auf den Sachaspekt. Die weitere Kommunikation nach dieser Variante gestaltet sich für den Berater zwar auf den ersten Blick einfacher, aber der Preis ist hoch. Nicht nur dass (passiver) Widerstand bei der Lösungssuche die Quittung sein kann, die Energie, sich aktiv und konstruktiv auf den Prozess einzulassen, geht verloren.

In zweiter Linie geht es auch zu Lasten des Beraters selbst. Er opfert der Angst vor seiner Verunsicherung das Wertvollste und Elementarste, was uns menschlich macht, das Mitgefühl und die Sensibilität für das, was der Andere in schwieriger Situation besonders benötigt: Nähe.

Das Nähe-Muster

geht in erster Linie zu Lasten des Beraters. In der emotional aufgeladenen Situation verliert er die Führung und selbst danach kommt er nur schwer wieder in die psychische Balance. Der Klient genießt zunächst seinen „Erfolg", den Berater ganz für sich „eingenommen" zu haben, doch bald wird er dessen mangelnde Führung und Selbststeuerung in emotionalen Situationen bemerken und die „Leitplankenfunktion" des Beraters vermissen. Dieser Mangel beeinträchtigt sein Vertrauen in die Professionalität der Beratung.

Der Berater muss lernen, sich belastenden Gefühlen aussetzen zu können, ohne sich von ihnen überschwemmen zu lassen oder vor ihnen Angst zu haben. Nur wenn er versteht, sich im einen Fall von den Emotionen anderer ebenso leicht wieder zu lösen, wie er sich auf sie eingelassen hat, und im anderen Fall, sich auch ohne Angst von ihnen berühren zu lassen, nur dann wird er den Job in der BEM-Beratung[35] auf Dauer gut machen können, ohne sich zu überfordern.

Nähe schafft die emotionale Wärme, in der ein belasteter Mensch sich selbst nahe sein darf, sich erholen und Kraft schöpfen kann. Das bedingungslose Angenommensein fördert Selbstvertrauen und Selbstsicherheit. Es stärkt auch das Vertrauen in den Helfer/Berater und fördert den Mut, sich auf Neues, z. B. das BEM-Verfahren, einzulassen.

Distanz ist nicht mehr Ausdruck einer Haltung des Beraters, die auf Selbstschutz und Rückzug ausgerichtet ist, sondern funktional für die gemeinsame, zielrationale wie emotionale Bearbeitung der Problemsituation. Die Distanz hilft also ebenso dem Klienten, der ja darauf angewiesen ist, dass der Berater ihn aus seiner desperaten Lage herausführt. Herausführen, ihn dort abholen setzt allerdings voraus, sich (immer wieder) dorthin zu begeben, wo der Andere steht, sei es in seine Resignation, Angst, Wut, Enttäuschung, sei es in seine Hoffnungen, Illusionen, (überzogenen?) Erwartungen an sein Umfeld, auch an den Berater ... Er tritt, um den Vorgang bildlich auszudrücken, an seine Seite mit Schulterschluss oder begleitet ihn, Arm in Arm un-

---

[35] Die BEM-Beratung hat aus dieser Perspektive vieles mit der Sozialberatung gemeinsam. Zum einen verschließt sie sich nicht dem ganzheitlichen Blick auf die Lebenssituation des Klienten, auch wenn ihr Handlungsrahmen schließlich auf den Betrieb beschränkt ist. Zum anderen sind weder die Ziele der Wiedereingliederung noch der Prävention ausschließlich medizinisch definiert. Es geht auch hier um komplexe Lösungsansätze, die die soziale Situation (finanzielle Auswirkungen und außerbetriebliche Lebensumstände) genauso berücksichtigen müssen wie die Auswirkungen am Arbeitsplatz sowie dessen Einbindung in die Arbeitsorganisation und in das soziale Umfeld in der Abteilung.

tergehakt. Von dort, von der personalen Ebene der Gefühle aus, führt der gemeinsame Weg auf die Sachebene. Dann trägt das Vertrauen und der Klient erträgt es, die eine oder andere Kröte schlucken zu müssen: z. B. enttäuschende Nachrichten aus der Personalabteilung, Schwierigkeiten und nachteilige Nebeneffekte der anvisierten Maßnahme, Verzicht auf Leistungszuschläge usw.

Annäherung und Distanzierung sind als gegenläufige psychische Bewegungsrichtungen im Beratungsprozess zu verstehen. Die daraus entstehende Entwicklungsdynamik, die der Phasenstruktur der Beratung innewohnt, verhilft somit beiden, dem Berater wie seinem Klienten, zu jener Balance, die für zweierlei gut ist: für den Beratungserfolg und für die Psychohygiene des Beraters.

Dynamische Balance von Nähe und Distanz in der Struktur des Beratungsgesprächs (ein Modell) [36]

Wenn Schritt I *„Problemdarstellung"* ganz im Zeichen der Nähe (Akzeptanz, Empathie) steht, so Schritt II *„Problemdefinition"* überwiegend (❷–❹) im Zeichen der Distanz (Abgrenzung, Klärung, Forderung, Widerspruch).

Die *„Lösungssuche"* (Schritt III ❶ und ❷) steht dann wieder im Zeichen der Nähe. In III ❸ dominiert erneut die Distanz: Die Vor- und Nachteile der einzelnen Lösungsansätze werden realistisch unter die Lupe genommen und der Klient mit beiden Seiten der jeweiligen Medaille konfrontiert. Nur so wird er in die Lage versetzt, eine realistische Entscheidung unabhängig von der Meinung des Beraters zu treffen. Ähnlich wie in III ist auch in Schritt IV *„Entscheidungsprozess"* mit Wechseln zwischen Distanz und Nähe zu rechnen: Schließlich soll der Klient eigenständig seine Entscheidung treffen und auch die Verantwortung dafür übernehmen. Nähe braucht er, um Mut und Vertrauen zu sich zu entwickeln; Nähe auch, wenn er nach wie vor unsicher ist, mit welchen Konsequenzen er für sich rechnen müsse und welche Lösung für ihn die beste sei, wenn er also nochmals sachliche Informationen als Entscheidungshilfe und vor allem viel Geduld benötigt.

Der *„Aktionsplan"* (Schritt V) erfordert vom Berater wiederum die Haltung der Distanz. So tut er gut daran, etwa ein Delegieren von

---

[36] Siehe Abb. 4 und 5 auf S. 89 f. Darin sind die Aktionen in der Nähe-Haltung durch rote, jene in der Distanz-Haltung durch blaue Färbung symbolisiert.

Aufgaben des Klienten, z. B. von (vielleicht nicht ganz leichten) Gesprächen mit den Vorgesetzten oder mit Kollegen standhaft zu verweigern und allenfalls bereit zu sein, ihm in solchen Gespräche zu assistieren.

Und wenn der Klient kurz vor dem Ziel blockt?

Eine andere Sache ist, wenn hier, am Ende des Beratungsprozesses, der Klient völlig (und unerwartet?) einknicken und mit allerlei Vorwänden abblocken würde. Man kann solche Krisen nie ganz ausschließen und muss deswegen nicht alles verlorengeben. Kontraproduktiv wäre gewiss, dem Klienten nun Vorwürfe zu machen. Besser ist es, an die Stelle im Beratungsprozess zurückzugehen, wo er die ersten, noch unbestimmten Signale eines Widerstands gezeigt hat, die man damals vielleicht nicht ernst genug genommen hat und er einen Konflikt mit dem Berater nicht riskieren wollte. Diese „Sollbruchstelle" kann bereits in Schritt II (Problemdefinition) liegen oder im Entscheidungsprozess (Schritt IV), als der Berater möglicherweise zu viel Druck in Richtung der aus seiner Sicht einzig richtigen Wahlentscheidung ausübte und der Klient nachgab, ohne innerlich wirklich zu diesem Schritt bereit zu sein. Dieses vorwurfslose Zurückgehen kann nur in einer Haltung der Nähe geschehen. Es erfordert, den verlorengegangenen Schulterschluss wiederherzustellen und mit geduldigem Fragen die „dünne Stelle" ausfindig zu machen, wo der Klient sich innerlich aus dem Prozess ausgeklinkt hat.

Der strukturierte Wechsel von Nähe und Distanz im Überblick

Die folgende Grafik fasst die Überlegungen zum Nähe-Distanz-Wechsel noch einmal zusammen. Die Grafik auf der folgenden Seite verknüpft ihn mit der Modellfigur des Beratungstrichters.

I. Problemdarstellung

Klient schildert (frei und unsortiert) sein(e) Problem(e);
Berater fördert die Schilderung durch Aktives Zuhören
und Verständnisfragen (= *Nach*-Fragen)

II. Problemdefinition

❶ Berater fasst das Gehörte zusammen, sortiert die Problemaspekte,
die dem Klienten wichtig sind. Keine eigene Wertung.
Klient bestätigt, korrigiert, ergänzt.

❷ Versuch einer Problembeschreibung aus der fachlichen
Sicht des Beraters (→ BEM!)

❸ Zusätzlicher Klärungsbedarf? Berater stellt weitere Fragen zum
Sachverhalt, auch was bisher schon an Lösungen des Problems
(erfolglos) versucht wurde.

❹ Auf der Basis der erweiterten Kenntnisse ggf. Neudefinition
des Problems

III. Lösungssuche

❶ Welche Lösungen kann sich der Klient selber vorstellen?
Seine Wunschvorstellung?

❷ Gemeinsam Lösungsideen sammeln (Berater, Klient, [BEM-]Team,
Vorgesetzter ...)
Noch keine Bewertungen! Nicht: man *„muss"*, sondern: man *„könnte"*!
Prinzip Brainstorming: *„Alles ist erlaubt!"* und *„Geht nicht gibt's nicht!"*

❸ Vor- und Nachteile der Vorschläge sachlich offenlegen.
Realisierbarkeit prüfen.

IV. Entscheidungsprozess

Klient wählt aus (1. Wahl, 2. Wahl).
Berater fragt nach der Begründung seiner Wahl.

Bei Unsicherheit/Unklarheit geduldig unterstützen.
Zögern ernst nehmen! Zeit lassen!

V. Aktionsplan

Wie genau geht's jetzt weiter?
(Strategieschritte, Beteiligte, Zeitplan)
An aktive Beteiligung des Klienten denken – ihn nicht über,
aber auch nicht unterfordern!

Und wenn der Klient plötzlich kneift oder abblockt?
Mindestens 1 Schritt zurück: auf IV, wenn nicht gar auf II !

Abb. 4: 5-Schritte-Modell des Beratungsprozesses mit Nähe- (rot) und
Distanz-Phasen (blau)

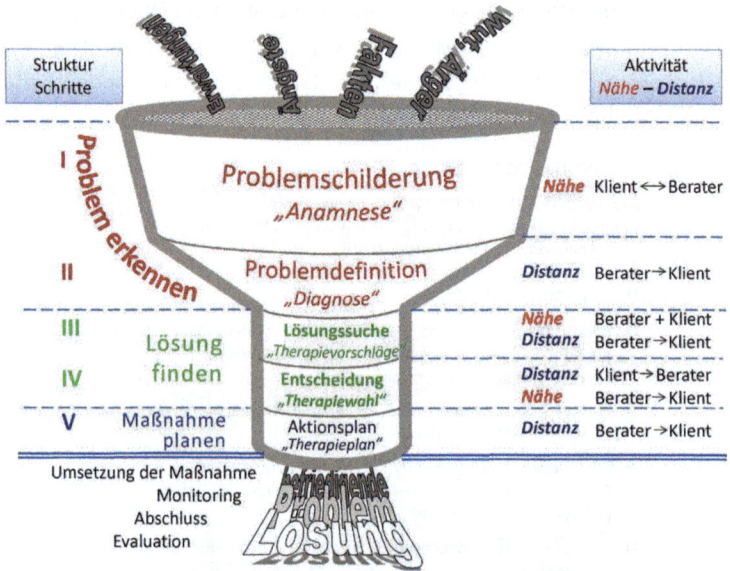

Abb. 5: Der Wechsel von Nähe- und Distanz-Haltungen im Modellbild des Beratungstrichters

Diese mehrmaligen Wechsel der Nähe- und Distanz-Haltungen im Zuge des Beratungsprozesses verhelfen dem **Berater** zu jener wünschenswerten seelischen Balance zwischen emotionaler Betroffenheit, Solidarität und Zugewandtheit einerseits und dem Schutzbedürfnis nach Abgrenzung und emotionalem Abstand von den belastenden Problemen des Klienten andererseits.

Dem **Klienten** ist es nicht weniger hilfreich: Jene erforderliche Verantwortlichkeit für sich und sein Problem kann nur wachsen im atmosphärischen Wechsel zwischen der Erfahrung von echter Akzeptanz, Hilfe und Geborgenheit und der Zumutung, sich den Gegebenheiten der Realität illusionslos und mutig zu stellen.

Das Schutzbedürfnis des Beraters

Es gibt vielerlei Möglichkeiten der Entspannung und Zerstreuung, um sich nach emotional anstrengenden Gesprächen zu erholen, aus dem Bann der belastenden Erfahrung zu befreien und das seelische Gleichgewicht zurückzugewinnen. Der berechtigte Wunsch des Beraters, sich vor den belastenden Emotionen des Klienten zu schützen, lässt sich nur durch Wechsel von Nähe und Distanz realisieren. Diese Wechsel sind als integrale Bestandteile in der Strukturlogik des Beratungsprozesses selbst angelegt und funktional für den Erfolg der Beratung. Und der Klient erwartet zu Recht die Fähigkeit des Beraters, flexibel zwischen Sachebene und Beziehungs- (= Gefühls-)ebene „switchen" zu können. Sie dient also ebenso den Erwartungen des Klienten wie den Selbstschutzbedürfnissen des Beraters.

Im Problem liegt oft seine Lösung verborgen.

Es ist mir ein großes Anliegen, Ihnen, die Sie in der Beratung tätig sind, auf das in der Beratungsstruktur immanente Potenzial aufmerksam zu machen, das es Ihnen ermöglicht, sich schon im Prozess emotional auszubalancieren. Diese Balance zwischen Empathie und Distanz ist gleichzeitig ein Kriterium für die Qualität Ihrer Beratung.

Wie schütze ich mich vor belastenden Emotionen des Klienten?

NICHT   durch Kontrolle und Abwertung meiner eigenen Gefühle und meiner Empathie!

NICHT   durch eine Abwehr oder Ignoranz von Nähebedürfnissen des Klienten, von emotionalen Äußerungen und seiner (labilen) psychischen Verfassung!

NICHT   durch Flucht auf die Sachebene und rasche „Erledigung" des Problems
(*„Delegationsfalle", Übernahme von Verantwortung)!*

Wie dann?

Der Selbstschutz liegt in der Struktur professioneller
Beratung selbst.

Ihre Struktur lebt vom
Wechsel von Nähe und Distanz.

- Der Selbstschutz ist in der Logik dieser Wechsel von Nähe und
  Distanz angelegt.

- Der Klient erwartet diesen Wechsel.
  Er erwartet vom Berater Nähe: empathisches Verstehen und
  Akzeptieren seiner Person.
  Aber er erwartet von ihm auch Klartext:
  Information, Sachkompetenz, Überblick, Perspektive, Wegweisung, Ehrlichkeit.

- Der Wechsel von Nähe zur Distanz ist funktional für den Beratungserfolg:
  - für den Klienten: ein realistisches Verhältnis zu sich und seinen
    Chancen zu bekommen.
  - für den Berater: sich nicht im Mitgefühl oder im Helfersyndrom
    zu verlieren.

Zum Schluss: Worauf es mir auch noch ankommt

Ich erinnere mich gut an die überlange Kindheitsphase des BEM nach seiner Geburt 2004. Damals war unter Betriebsräten das Misstrauen groß, dieses Instrument könnte den Arbeitgebern die personen-, sprich krankheitsbedingte Kündigung erleichtern. Weithin unverstanden blieb das Anliegen des Gesetzgebers, den Betrieben ein gesundheitspolitisches Instrument an die Hand zu geben und dezidiert das Schutzinteresse des leistungsgeminderten Mitarbeiters vor Arbeitsplatzverlust über die betriebswirtschaftlichen Interessen des Arbeitgebers zu stellen. Mehr noch, der Arbeitgeber wurde verpflichtet, alles Zumutbare dafür zu tun, die Leistungsfähigkeit so weit wie möglich wiederherzustellen bzw. *„sekundärpräventiv"* einer erneuten Verschlechterung vorzubeugen.

Für den dafür erforderlichen Anpassungsprozess ist alles auf den Prüfstand zu stellen: die medizinisch prognostizierte Arbeitsfähigkeit des Mitarbeiters einerseits und alle „Systemfaktoren", die zu der bisherigen Leistungsanforderung seines Arbeitsplatzes beigetragen haben, andererseits. Da entdeckt man nun allerlei Stellschauben im System, an denen die Arbeitsverhältnisse so an die gesundheitliche Situation des Mitarbeiters angepasst werden können, dass die Gewichte von Anforderung und Leistungsfähigkeit einigermaßen in die Balance zu bringen sind. Es war klug vom Gesetzgeber, mit dieser Aufgabe den Arbeitgeber nicht allein zu lassen. Betriebsrat, Schwerbehindertenvertretung, Arbeitssicherheit, Betriebsarzt, Rehaträger, Arbeitsagentur, Integrationsamt, Integrationsfachdienst, Berufsbildungswerke ..., alle für die Unterstützung und Finanzierung dieses Anpassungsprozesses in Frage kommenden Institutionen, intern und extern, sind beteiligt bzw. ihre Beteiligung kann in Anspruch genommen werden.

Der **Paradigmenwechsel** ist nicht zu verkennen: Der Mensch in der Arbeitswelt erfährt an der Stelle, wo er den technischen, organisationellen und betriebswirtschaftlichen Systemlogiken besonders geschwächt gegenübersteht, da, wo eine labile Gesundheit ihn zum Störfaktor in den Systemen macht, eine ungeahnte Aufwertung. Die Zumutbarkeit für den Arbeitgeber und das betriebliche System ist erhöht worden. So weit, so gut.

Die Effizienz dieses neuen Ansatzes, den ich nicht scheue, paradigmatisch zu nennen, steht und fällt mit der Qualität des Betrieblichen Eingliederungsmanagements, wie es in den Betrieben praktiziert wird.

Je schlechter die Qualität, desto wahrscheinlicher wird, dass die in den frühen Jahren der BEM-Skepsis befürchtete Gefahr, durch das BEM könne Kündigung erleichtert werden, doch noch eintritt. Man kann von den Gerichten nicht erwarten, dass sie solche Schwächen in den betrieblichen BEM-Verfahren zu hundert Prozent ausgleichen können. Daher ist auch eine verfahrenskritische Auswertung von BEM-Prozessen (Evaluation) im Sinne eines Qualitätsmanagements gar nicht ernst genug zu nehmen.

Im Umkehrschluss wird ein Muss für die Verantwortlichen in den Unternehmen und Betrieben daraus:

- **Enge Kooperation zwischen Arbeitgeber und AN-Vertretungen**
hin zu einem echten Teamgeist der im BEM-Team zusammenarbeitenden Akteure beider Seiten.

Solcher *Teamgeist* steht der Wahrnehmung des gesetzlichen Wächteramtes des Betriebsrats nicht entgegen, im Gegenteil, dieses ist integraler Bestandteil eines Teams, das von der Verschiedenheit des Sichtweisen lebt. Dieser Teamgeist ist *öffentlich wahrnehmbar* zu machen in *gemeinsamen* Auftritten des Teams auf Informationsveranstaltungen zum BEM, Betriebs- und Abteilungsversammlungen, Gesundheitstagen sowie in den internen Medien.

Das Team bedarf, wie jedes andere Projektteam auch, von Zeit zu Zeit einer *Klausur,* um sich auszutauschen über die Erfahrungen der internen Zusammenarbeit und Arbeitsorganisation, mit dem Arbeitgeber, den anderen Partnern intern und extern und daraus gemeinsame Schlüsse für die Zukunft zieht.

- **Qualifizierte Beratung**
kann auch von Laien geleistet werden. Allerdings benötigen in der Beratung Tätige eine solide *Schulung.* In regelmäßigen Abständen ist ihnen die Möglichkeit zu gewähren, im moderierten Austausch ihre *Erfahrungen zu reflektieren* und in einen individuellen und gemeinsamen kontinuierlichen Lernprozess einzubringen. Dies sollte für „Laienberater" nicht weniger selbstverständlich sein wie für Profis.

- **Genügend Berater**
sollten zur Verfügung und zur Wahl stehen, damit unterschiedliche Präferenzen der Klienten, weiblich/männlich, BR- und SBV-Seite, Arbeitgeberseite (Personalmanager/-referenten).

- **Ein besonderer Stellenwert**

ist der Beratung im BEM zuzuerkennen, ob die Berater nun an den Entscheidungen über Maßnahmen beteiligt werden oder ob diese dem „Kernteam" vorbehalten bleiben. Der besondere Stellenwert der Beratung ist der Tatsache geschuldet, dass in die BEM-Beratung auch eine

- **besondere Klientel**

kommt: *Menschen in gesundheitlichen Krisen,* die mit ihren Ängsten und Sorgen auf ganz unterschiedliche Weise umgehen.

- **Sprachen**

Berater müssen diese individuellen Sprachen der Krisenerfahrung erst dechiffrieren, bevor sie mit Klienten erfolgreich arbeiten können. Diese Sprachen werden ihnen mehr oder weniger sympathisch sein. Dem Berater muss eine ordinäre oder aggressive Sprache nicht gefallen, er hat nicht darüber wertend zu urteilen. Vielmehr ist es seine Aufgabe, die Information, *die Botschaft hinter den Worten zu verstehen.* Daraus folgt:

- **Beratung braucht vor allem Zeit.**

Der Klient braucht sie, der Berater auch. Zielfixierung, Erledigungsrekord sind keine Leitwerte für Berater. Wer würde sich über Verfahren, die schnell und glatt durchlaufen, nicht freuen? Sie zum Maßstab für erfolgreiche Beratung zu nehmen, wäre jedoch schädlich. Verfahren, die *von vorn herein* sich nur auf den betrieblichen Kontext beziehen, sind wahrscheinlich schneller zum Abschluss zu bringen, aber ihr Effektivitätsrisiko ist höher.

- **Vertrauen**

Fundament der Beratung und Hauptkapital des Beraters, gedeiht auf einer umfassenden, *ganzheitlichen* „Anamnese" Das schönste Lösungsgebäude ist nicht von Dauer, wenn das Fundament zu schwach ist.

- **Das Wechselspiel von Nähe und Distanz**

sorgt einerseits für die Dynamik sorgt, die zu einer Problemlösung führt, die vom Klienten miterarbeitet und voll mitgetragen wird – eine wichtige Voraussetzung, um Durststrecken und (unerwartete) Schwierigkeiten oder Rückschläge bei der Umsetzung von Maßnahmen zu überwinden. Andererseits ist es das methodische Element des Beratungsprozesses, das gleichzeitig die Psyche des Beraters in jener lebendigen Balance schwingen lässt, die dafür sorgt, dass er weder in den Strudel der Gefühle hineingezogen wird, noch dass er den emotionalen Kontakt zum Klienten verliert.

Literaturhinweise

Althoff V., Frobel S., Klaesberg S., Tinnefeld S., de Wall-Kaplan D.: *BEM von A–Z – ein Praxishandbuch*. Rieder-Verlag, 2013

Beseler L., *Betriebliches Eingliederungsmanagement nach § 84 Abs. 2 SGB IX aus arbeitsrechtlicher Sicht*. Rieder-Verlag, 2016

Bundesanstalt für Arbeitsschutz und Arbeitsmedizin (BAUA): *Why WAI? Der Work Ability Index im Einsatz für Arbeitsfähigkeit und Prävention. BEM – Erfahrungsberichte aus der Praxis*. 2013 (www.baua. de/cae/servlet/contentblob/697346/publicationFile/55639/ A51.pdf)

Feldes W., Niehaus M., Faber U.: *Werkbuch BEM – Betriebliches Eingliederungsmanagement*. Strategien und Empfehlungen für Interessenvertreter. Bund-Verlag, 2016

Giesert M., Wendt-Danigel C.: *Handlungsleitfaden für ein Betriebliches Eingliederungsmanagement*. Hans-Böckler-Stiftung, 2011 (www. boeckler.de/pdf/p_arbp_199.pdf)

Ilmarinen J., Oldenbourg R.: *Die Arbeit muss sich dem Menschen anpassen – nicht umgekehrt*. in: Die BKK, 11/2006 (www.finnland. de/public/download.aspx?ID=27713&GUID=%7B9ee236b2-d0ec-40c8-a879-5e0e46c5a28a%7D)

Kaiser H., Frohnweiler A., Jastrow B., Lamparter K.: *Abschlussbericht des Projekts EIBE – EIBE 2. Entwicklung und Integration eines betrieblichen Eingliederungsmanagements*. 2009 (www.neue-wege-im-bem.de/sites/neue-wege-im-bem.de/dateien/download/ Kaiser_-_EIBE_II-Projektbericht.pdf)

Liebrich A., Giesert M., Reuter T.: *Das Arbeitsfähigkeitscoaching* (www. arbeitsfaehig.com/uploads/content/pdf/sammelbaender/13_Lieb-rich_Giesert_Liebrich_Arbeitsfaehigkeitscoaching_2015.pdf)

Reuter T., Giesert M., Liebrich A.: *Das Haus der Arbeitsfähigkeit beim BEM bauen*. In: J. Prümper, T. Reuter, A. Sporbert (Hrsg.): *BEM-Netz – Betriebliches Eingliederungsmanagement erfolgreich umsetzen*. Ergebnisse aus einem transnationalen Projekt. HTW Berlin, 2015

Tempel J., Ilmarinen J.: *Arbeitsleben 2025. Das Haus der Arbeitsfähigkeit im Unternehmen bauen.* Hrsg. v. M. Giesert. Vsa-Verlag, 2013

WAI-Netzwerk Deutschland: *Wie steht es um Ihre Arbeitsfähigkeit?* WAI-Fragebogen & Auswertung (Kurzversion). (www.arbeitsfaehigkeit.uni-wuppertal.de/picture/upload/file/WAI-Kurzversion_mit%20Auswertung_2015.pdf)

Waltner P.: *Kollegen und Mitarbeiter professionell beraten.* Ein Leitfaden für Arbeitnehmervertreter und Führungskräfte. Rieder-Verlag, 2016